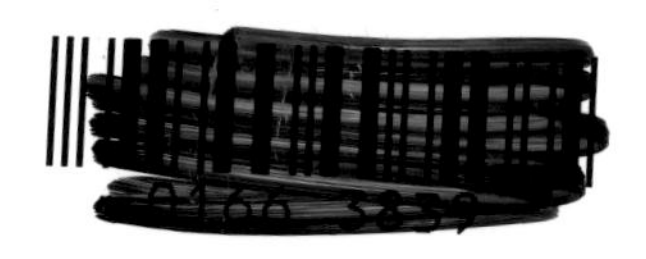

Frank Ferstl

Reibung Wärme Verschleiß

Atomkinetische Mechanismen und Modelle in der Tribologie

Reihe: Modelle in den Naturwissenschaften , Band 1

Autor: Prof. Dr. rer. nat. Frank Ferstl

Hochschule Zittau/Görlitz
(FH)-University of Applied Sciences

e-mail: f.ferstl@hs-zigr.de

Modelle in den Naturwissenschaften

Band 1

Frank Ferstl

Reibung, Wärme, Verschleiß

Atomkinetische Mechanismen und Modelle in der Tribologie

Shaker Verlag
Aachen 2003

Die Deutsche Bibliothek - CIP-Einheitsaufnahme

Ferstl, Frank:
Reibung, Wärme, Verschleiß : Atomkinetische Mechanismen und Modelle in der Tribologie / Frank Ferstl.
Aachen : Shaker, 2003
(Modelle in den Naturwissenschaften ; Bd. 1)

ISBN 3-8322-1569-7

Printed in Germany.

ISBN 3-8322-1569-7
ISSN 1611-9606

Shaker Verlag GmbH • Postfach 101818 • 52018 Aachen
Telefon: 02407 / 95 96 - 0 • Telefax: 02407 / 95 96 - 9
Internet: www.shaker.de • eMail: info@shaker.de

INHALTSVERZEICHNIS

Benennung der wichtigsten Formelzeichen und Angabe der Kapitel, in denen sie in der vorliegenden Arbeit vorrangig angewendet werden.

I. Formelzeichen, die mit einem kleinen lateinischen Buchstaben beginnen

Formelzeichen	Benennung	Kapitel
a	halber Platzwechselabstand	3.
a_0	charakteristische Größe für den Atomdurchmesser	3.
a_1	mittlerer Radius einer kreisförmigen Kontaktstelle	1.
b	Furchenbreite einer Ritzspur	1.
$\vec{b}$	Burgers-Vektor	2.
c	spezifische Wärmekapazität bei konstantem Druck	3., 4.
c_s	mittlere Schallgeschwindigkeit in Festkörpern	3.
d	mittlerer Durchmesser eines habkugelförmigen Verschleißteilchens	4.
dA	Oberflächendifferential	3.
dV	Volumendifferential	3.
e	elektrisches Elementarquantum	3.
e_0	Akkumulationsenergiedichte	4.
e_R	scheinbare Reibungsenergiedichte	4.
e_S	Scherungsenergiedichte	4.
f_k	Komponenten der spezifischen Massenkräfte	3.
h	Planck´sches Wirkungsquantum	2., 3., 4.
h_V	Dicke abgetragener blättchenartiger Verschleißteilchen	4.
$\dot{h}_V$	lineare Verschleißgeschwindigkeit	4.
h_V^{Exp}	experimentell ermittelte Abtraghöhe	4.
$\bar{i}$	mittlere Anregungsstufe eines quantenmechanischen Oszillators	2.
k	Boltzmann´sche Konstante	2., 3., 4.
m	Exponent abstoßender Kräfte im Lennard-Jones-Potenzial	3.
m_a	Atommasse	3., 4.
m_{Mol}	molare Masse	4.
n	Exponent anziehender Kräfte im Lennard-Jones-Potenzial	3.
$\bar{n}$	Zahl der Einzelkontaktierungen bis zum Abtrag	4.

Formelzeichen	Benennung	Kapitel
p	Verfestigungsexponent	4.
p_0	kritischer Fließdruck	1.
p_{th}	thermischer Druck	3.
q	Quotient einer geometrischen Reihe	2.
q_k	Komponenten des Wärmeflussvektors	3.
r	variabler Abstand im Lennard-Jones-Potenzial	3.
$\dot{s}$	Entropieproduktion in einem Volumenelement	3.
s_O	Deformationsweg an der Oberfläche	4.
s_f	Entropie der festen Phase	3.
s_{fl}	Entropie der flüssigen Phase	3.
s_R	Reibweg	4.
t_G	Dauer bis zum Abtrag eines Verschleißteilches	4.
$t_{ikl...}$	allgemeine Schreibweise für einen Tensor	3.
t_S	Dauer einer Einzelkontaktierung	4.
u	innere Energie pro Massenelement	3.
$\dot{u}$	sekundliche Änderung der inneren Energie in einem Massenelement	3.
v_f	spezifisches Volumen	3.
v_k	Komponenten des Geschwindigkeitsvektors	3.
$\dot{v}_k$	Komponenten des Beschleunigungsvektors	3.
w_{Ei}	Wahrscheinlichkeit dafür, dass sich ein quantenmechanischer Oszillator im Zustand i mit dem Energieniveau E_i befindet	2.
$\dot{z}_p$	Anzahl der sekundlich erfolgenden Platzwechsel	2.

II. Formelzeichen, die mit einem großen lateinischen Buchstaben beginnen

Formelzeichen	Benennung	Kapitel
A	Absolutglied in der Reihenentwicklung	3., 4.
A_a	nominelle Kontaktfläche	4.
A_i	Berührungsfläche an der i-ten Kontaktstelle	1.
A_{rS}	reale Kontaktfläche mit plastischer Scherwirkung	4.
D	Linearfaktor in der Reihenentwicklung	3., 4.
E	Elastizitätsmodul	3., 4.
E_C	mikroskopischer Energiebetrag	4.

Formelzeichen	Benennung	Kapitel
E_d	Energiebetrag, der an die Umgebung abgegeben wird	4.
E_D	Defektstellenbildungsenergie	2., 3., 4.
E_G	Gesamtenergie	4.
E_L	Leerstellenbildungsenergie	2.
E_m	makroskopischer Energiebetrag	4.
E_n	n-tes Energieniveau eines quantenmechanischen Oszillators	2.
E_0	Ausgangsniveau für erfolgende Platzwechsel und identisch mit akkumulierter Energie an einer Bindung	2., 4.
E_R	Reibungsenergie	4.
E_t	mechanisch eingeleitete Energie	4.
E_V	Energieanteil zur Zerstörung der Struktur	4.
F	zwischenatomare Kraft	3.
$\vec{F}$	Lastvektor	3.
F_N	Normalkraft	1.
F_R	Reibungskraft	1.
H_M	Mikrohärte	4.
H_0	Grundvickershärte im Inneren des Festkörpers	4.
I^*	charakteristische Verschleißintensität	4.
I_h	lineare Verschleißintensität	4.
$I_{h,p}$	lineare Verschleißintensität bei vollständiger Plastifikation	4.
$I_{h,p}^{Exp}$	experimentell ermittelte Verschleißintensität	4.
L	spezifische Schmelzwärme	3.
N	Anzahl der Kontaktstellen	1.
N_L	Loschmidt´sche Zahl	4.
Q	in Wärme umgesetzte Energie	4.
Q_{diss}	Reibwärme	4.
R	Kopfradius eines Ritzkörpers	1.
T	absolute Temperatur	2., 3., 4.
T^*	charakteristische Temperatur für die Festkörperfestigkeit	2., 3., 4.

Formelzeichen	Benennung	Kapitel
T_C^*	mittlere Temperatur, bei der die Dissipationsfunktion in eine Potenzreihe entwickelt wird	3., 4.
T_D	Debye-Temperatur	3.
T_O	Schwellwert der Temperatur an der Oberfläche, bei dem der Übergang von äußerer in innere Reibung erfolgt	4.
T_0^B	Blitztemperatur	4.
T_S	Schmelztemperatur	2., 3., 4.
T_{th}	vom thermischen Druck erzeugte Temperatur	3.
T_U	Umgebungstemperatur	3., 4.
U	Potenzialfeld im Festkörperverband	3.
U_O	Größe der durch Platzwechsel zu überwindenden Energiebarrieren	2., 4.
$\overline{V}$	Verschleißvolumen eines elementaren Verschleißteilchens nach Kontaktierung bei kreisförmigen Kontaktflächen	1.
V_{mol}	Molvolumen	4.
V_V	abgetragenes Verschleißvolumen	4.
$\dot{V}_V$	sekundlich abgetragenes Verschleißvolumen	4.
W	akkumulierte Energie	4.
W_1	Teilarbeit zur Materialzerstörung	4.
W_2	Teilarbeit zur plastischen Verformung	4.
W_3	Teilarbeit zur Erzeugung molekularer Schwingungen	4.
W^*	akkumulierte mechanische Energie bei Ziegler	3.
W_D	Dissipationswahrscheinlichkeit	3.
W_G	gesamte eingebrachte Arbeit	4.
W_p	Platzwechselwahrscheinlichkeit	2., 3.
W_R	Reibarbeit bei Fleischer	4.
W_s	Scherungsenergie, die vollständig dissipiert wird	4.
W_{s0}	auf Oberflächenenergie bezogene Scherungsenergie	4.
W_{th}	vom thermischen Druck geleistete Arbeit	3.

III. Indizes, soweit sie allgemeinen Charakter tragen

Index	Bedeutung	Kapitel
e	für den Austausch mit der Umgebung	3.
Exp	für experimentell ermittelte Größen	4.
i	für irreversible Zustandsänderungen	3.
,l	partielle Ableitung nach der Koordinate x_l	3.
p	auf Platzwechselprozesse bezogen	2., 3., 4.
,t	partielle Ableitung nach der Zeit t	3.
th	aut thermische Prozesse bezogen	3., 4.

IV. Formelzeichen, die mit kleinen griechischen Buchstaben beginnen

Formelzeichen	Benennung	Kapitel
α	Defektwahrscheinlichkeit als Ausdruck für den Störungsgrad eines idealen Festkörpers	2., 4.
α_0	ein zu α analoger Parameter im Versetzungsmodell von Kocks	2.
β	linearer Wärmeausdehnungskoeffizient	3.
γ	Schwerwinkel im Inneren des Grundkörpers	4.
γ_0	Grenzwert des Scherwinkels an der Oberfläche	4.
δ	logarithmisches Dekrement, welches den Abfall der Anfangstemperaturverteilung in z = 0 bestimmt	4.
$\bar{\delta}$	bis auf den Faktor $\sqrt{3}$ gleiche Größe wie die Scherung tan γ	4.
δ	Variationssymbol	3.
δ_H	logarithmisches Dekrement der Mikrohärte	4.
ν_g	Debye´sche Grenzfrequenz	3.
ν_o	charakteristische Frequenz der am Platzwechsel beteiligten atomaren Objekte	2., 3., 4.
ν_V	charakteristische Frequenz einer Versetzung	2.
ε_{Max}	maximale relative Dehnung	4.
ε_0	Influenzkonstante	3.

Formelzeichen	Benennung	Kapitel
$\dot{\varepsilon}_p$	durch Platzwechsel verursachte Deformationsgeschwindigkeit	2., 3., 4.
æ	Kompressionsmodul	3., 4.
$\overline{æ}$	Wahrscheinlichkeit für den Abtrag eines Verschleißteilchens	1.
$æ_D$	Verhältnis von Defektstellenbildungsenergie zu atomarer Schmelzenergie	2., 4.
$æ_0$	Verhältnis von Schwelltemperatur zu Schmelztemperatur	4.
$æ_p$	dimensionsloser Platzwechselparameter	4.
$æ_{th}$	dimensionsloser thermischer Parameter	4.
λ	Wärmeleitfähigkeit	3., 4.
μ	Poissonzahl	3., 4.
μ_G	Reibkoeffizient	4.
ν_e	Komponenten des Normalenvektors	3.
ξ	Akkumulationszahl als Ausdruck des Verhältnisses von Gesamtenergie zu akkumulierter Energie	4.
ξ^{Exp}	experimentell ermittelte Akkumulationszahl	4.
ρ	Körperdichte	3., 4.
ρ_V	Versetzungsdichte	2.
σ_f	freie Enthalpie der festen Phase	3.
σ_{fl}	freie Enthalpie der flüssigen Phase	3.
σ_{kl}	Komponenten des Spannungstensors	3.
σ_0	spezifische Oberflächenenergie	4.
τ	Schubspannung	2.
τ_F	Fließspannung	1.
τ_0	Scherspannung	3., 4.

V. Formelzeichen, die mit großen griechischen Buchstaben beginnen

ΔE_{Wn}	Erhöhung der inneren Energie	4.
ΔE_π	Oberflächenenergie bei Kostezkij	4.
ΔF	freie Energie einer Versetzung	2.
ΔG	freie Enthalpie einer Versetzung	2.

Formelzeichen	Benennung	Kapitel
ΔH	Härtesteigerung gegenüber der Grundhärte	4.
ΔH_S	Schmelzenthalpie	3.
$(\Delta H)_M$	maximale Härtesteigerung an der Oberfläche	4.
Δr	Abstandsänderung im Atomgitter durch Erwärmung	3.
Δr_G	Gitterverzerrung durch thermischen Druck	3.
ΔU	Höhe der Sattelpunkte über den Potenzialminima	3.
ΔU_1	Energieanteil zur Bildung neuer Oberflächen	4.
ΔU_2	Energie für Fließprozesse	4.
ΔW	akkumulierte mechanische Arbeit an den Versetzungen	2.
ΔQ	Energieanteil, der dissipiert wird	4.
Φ	Dissipationsfunktion	3.
Φ_O	Dissipation an der Oberfläche	4.

Einleitung und Zielstellung der Arbeit

Die Entwicklung von Wissenschaft und Technik brachte in den letzten Jahren neue Wissenschaftsgebiete hervor, die in der vergangenen Zeit nur eine untergeordnete Rolle spielten. So wurde zum Beispiel für das Wissenschaftsgebiet, welches sich mit der Gesamtheit der Phänomene Reibung, Schmierung und Verschleiß befasst, erst im Jahre 1966 der Begriff Tribologie geprägt. Dieses Wort Tribologie enthält den griechischen Wortstamm τριβοσ „reiben" und weist hin auf die Spezifik der Tribologie als Wissenschaft und Technik von wechselwirkenden Oberflächen bei Relativbewegung und den damit verbundenen Vorgängen. Aber auch Begriffe wie Tribotechnik, Tribophysik und Tribochemie tauchen auf, um Wissenschaftszweige zu benennen, die inzwischen eine selbständige Disziplin darstellen und die Methoden anderer klassischer Wissenschaften wie z. B. der Metallphysik, der Festkörpermechanik oder der Thermodynamik als eigene Mittel verwenden. Dabei wird die Entwicklung dieser Disziplinen sowohl durch innere als auch durch äußere Anstöße wesentlich gefördert. Innere Anstöße erfolgen meist durch Fortschritte und neue Erkenntnisse in den Nachbarwissenschaften. Äußere Anstöße entstehen aus den gesellschaftlichen Bedürfnissen. So zeigen ökonomische Analysen in den führenden Industrieländern der Welt, dass durch gezielte Anwendung von tribologischen Erkenntnissen beträchtliche Einsparungen möglich sind. Die Forderung der Gesellschaft, mit fossilen und mineralischen Rohstoffen sinnvoll und sparsam umzugehen, als auch die Forderung nach erhöhter Zuverlässigkeit von technischen Geräten und Anlagen stellen die Tribologie vor immer neue Probleme, und es stellt sich die Frage, ob die Tribologie diesen Anforderungen auch gewachsen ist. Trotz der in den letzten Jahren intensivierten wissenschaftlichen Bemühungen auf dem Gebiet der Tribologie, die sich auch in einer Reihe von Grundlagenbüchern niederschlugen (/Krag 71/, /Hab 80/, /Polz 79/, /Flei 80/, Beck 83/, /Wutt 87/), ist bis jetzt zum Beispiel über die verschiedenen Mechanismen des Abtragverschleißes von Metallen noch keine einheitliche Verschleißtheorie bekannt. Es liegen wohl Ansätze einer theoretischen Durchdringung für spezielle Verschleißmechanismen vor, aber von einer theoretischen Bewältigung dieser Problematik kann heute noch nicht gesprochen werden. Viele Arbeiten beschäftigen sich mit empirischen Formeln bzw. es wird versucht, in Anlehnung an eine Kontinuumsmechnik, Verschleißprozesse aus makroskopischer Sicht zu interpretieren (/Flei 73/, /Bow 64/, /Brend 78/, /Hab 80/, /Polz 78/, /Arch 59/, Uetz 78/). Vergleichsweise wenig untersucht wurden der Einfluss atomistischer Effekte auf Verschleißerscheinungen und die materiellen Strukturen der Verschleißpartner (/Buckl 68/, /Burw 57/, Dau 80/, Hirth 68/, /Toml 29/, Ryb 82/). Insbesondere liegen wenige Arbeiten vor, die die Beobachtungsergebnisse mit der atomistischen Struktur und der Thermodynamik in Zusammenhang bringen (/Prag 54/, /Tross 66/, /Bow 73/, /Ajn 83/). Hervorragende experimentelle Messungen haben DAUTZENBERG und ZAAT (/Dau 76/) an der Verschleißanordnung „Stift gegen Scheibe" durchgeführt. Sie haben sowohl lichtmikroskopisch als auch elektronenmikroskopisch die Deformationslinien, die bei der Gleitreibung eines Kupferstiftes auf einer Stahlscheibe in Stift und Scheibe realisiert wurden, präzis ausgemessen und eine mehr oder weniger auf mechanisch-geometrischen Vorstellungen beruhende Erklärung der Versuchsergebnisse gegeben. Abweichend von diesen Vorstellungen von DAUTZENBERG und ZAAT wird in der vorliegenden Arbeit der Versuch unternommen, atomare bzw. molekulare Umlagerungen, die für den Verschleiß von Wichtigkeit sind, und thermodynamische Prozesse heranzuziehen, um sowohl die Messergebnisse von DAUTZENBERG zu erklären als auch ein Verschleißmodell zu gewinnen, das grundlegend für alle Formen des adhäsiven Verschleißes ist und eine Prognose wichtiger Verschleißkenngrößen zulässt. Ausgehend von Arbeiten von PRANDTL, EYRING und HOLZMÜLLER (/Prandtl 28/, /Eyr 55/, /Holz 78/) zur Platzwechseltheorie und Arbeiten von PRAGER und ZIEGLER (/Prag 54/, /Ziegl 83/) zur Thermodynamik, wird eine Kopplung von Platzwechseltheorie und Thermomechanik vorgeschlagen, die nach plausiblen Vereinfachungen auf ein handhabbares mathematisches Modell führt, und das bei der Anwendung auf Probleme des Abtragverschleißes von Metallen sehr gut interpretiert werden kann. Die dem Ingenieur willkommene gute Interpretierbarkeit des in dieser Arbeit aufgestellten Verschleißmodells und die relativ einfache Vorausberechnung von Verschleißkenngrößen trägt nicht wenig zu einer Erhöhung der praxiswirksamen Forschung bei. Eine schnelle Überführung der Ergebnisse und Erkenntnisse in das tägliche Leben bringt gerade auf dem Gebiet der Tribologie einen bedeutsamen ökonomischen Nutzen.

Großer Wert wird in der vorliegenden Arbeit auf die prinzipielle Vorgehensweise beim Aufstellen adäquater naturwissenschaftlicher Modelle gelegt. Denn experimentelle Forschung auf der einen Seite und mathematische Modellierung auf der anderen Seite sind die zwei tragenden Säulen, auf denen jede exakte Wissenschaft ruht. So ist es kein unbescheidenes Ziel, wenn durch diese Arbeit der hohe Anspruch der Tribologie auf mathematische Durchdringung Genüge getan werden soll.

1. Reibung und Verschleiß

1.1. Begriffsbestimmung von Reibung und Verschleiß

Um den Leser mit der in dieser Arbeit behandelten Problematik vertraut zu machen, sollen zunächst einige grundlegende Erklärungen und Definitionen vorangestellt werden.
Reibung ist nach DIN 50323 „... ein mechanischer Widerstand in der gemeinsamen Berührungsfläche, der eine Relativbewegung zwischen zwei aufeinandergleitenden, rollenden oder wälzenden Körpern hemmt (Bewegungsreibung) oder verhindert (Ruhereibung)."
Die Reibung ist eine sehr komplexe Erscheinung, wobei im thermodynamischen Sinne freie Energie dissipiert und Entropie erzeugt wird. Eine Zuordnung von Begriffen zur Bezeichnung des Objektes, des Bewegungsablaufes, der Reibarten und Zustände vermittelt die folgende Übersicht (Bild 1).
Der Verschleiß ist nach DIN 50320 „... die unerwünschte Veränderung der Oberfläche von Gebrauchsgegenständen durch Lostrennen kleiner Teilchen infolge mechanischer Ursachen."
Etwas präziser definiert FLEISCHER den Verschleiß als „... die außerhalb einer technologisch beabsichtigten Form- oder Stoffveränderung liegende, infolge Reibung eintretende bleibende Form- und/oder Stoffveränderung der die Oberfläche von Festkörpern bildenden Stoffbereiche." /Flei 71/
In dieser Definition wird der Zusammenhang zwischen der Reibung als Ursache und dem Verschleiß als Prozess mit bestimmten Folgeerscheinungen ausgewiesen.
Über den eigentlichen Verschleißmechanismus bestehen unterschiedliche Ansichten (/Krag 71/, /Burw 57/, /Rab 65/, /Wutt 80/, Wag 75/). Auch die Einteilung der Verschleißvorgänge erfolgt in der Literatur nicht einheitlich. Die meisten Autoren beziehen sich auf vier Grundmechanismen: adhäsiven, abrasiven, korrosiven und Ermüdungsverschleiß (/Czi 73/, /Wutt 80/).
Unter adhäsivem Verschleiß versteht man Verschleiß, der infolge Festkörper-Festkörper-Adhäsion mit lokalen Verschweißungen auftritt. Ist die adhäsive Bindung fester als die Kohäsion der Werkstoffe, kommt es zum Herausreißen von Material. Adhäsiver Verschleiß bis hin zum Funktionsverlust durch Fressen tritt meist bei Überbelastung oder bei Ausfall der Schmierstoffversorgung an Gleitlagern, Laufbuchsen oder Getrieben auf. Beim abrasiven Verschleiß dringen die Rauhigkeitsspitzen des härteren Körpers oder harte, lose Partikeln in den Gegenkörper ein. Der Verschleiß entsteht dabei durch die Pflugwirkung des eindringenden Körpers. Riefenbildung und Mikrozerspannung sind charakteristisch für den

abrasiven Verschleiß. Bei der dritten Verschleißart, dem korrosiven Verschleiß, entsteht der Verschleiß durch tribochemische Reaktionen mit Bestandteilen des Zwischenstoffs oder Umgebungsmediums. Die insbesondere durch Tribooxydation in ihrer Festigkeit stark herabgesetzten Oberflächen werden bei mechanischer Beanspruchung im allgemeinen durch Sprödbruch abgetragen und führen dabei zum Verschleiß. Beim Ermüdungsverschleiß erfolgt

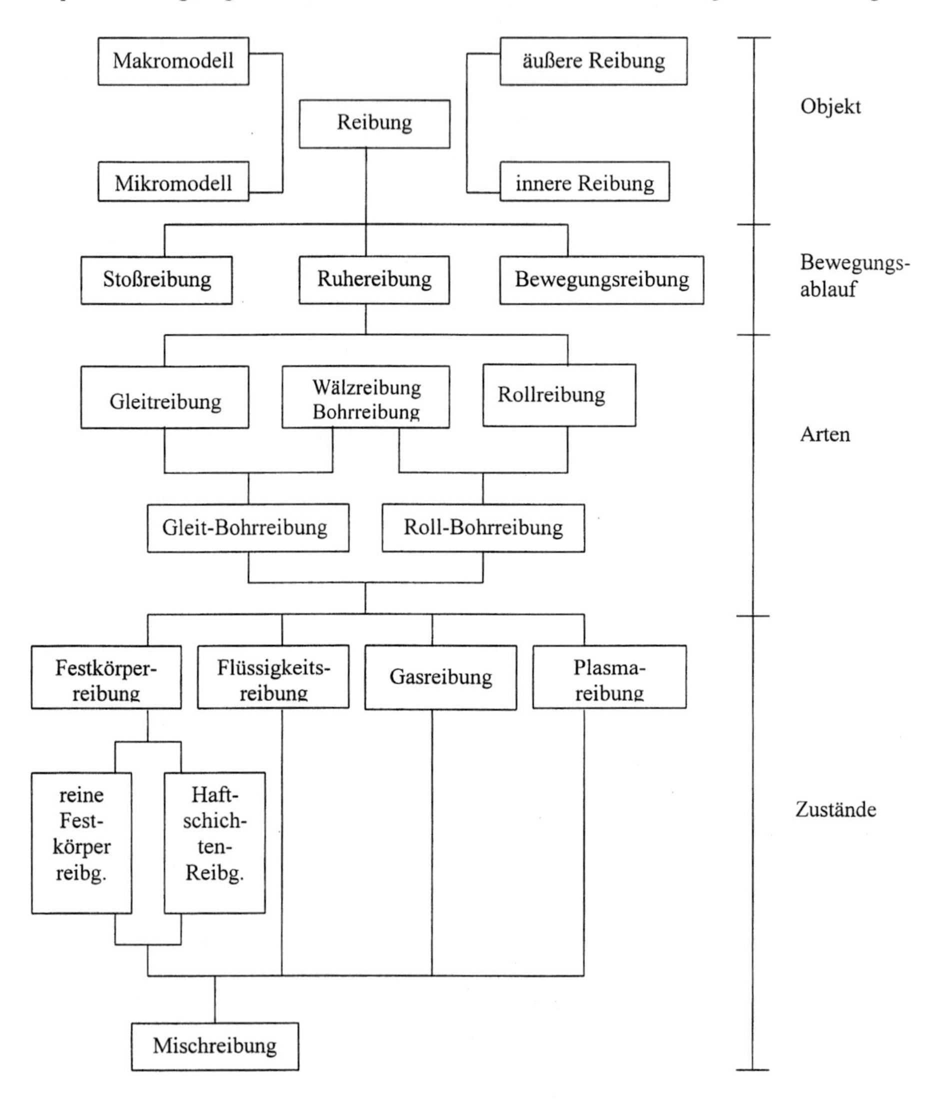

Bild 1: Zuordnung und Übersicht der Reibungsbegriffe nach FLEISCHER (/Flei 80/)

der Verschleiß durch eine Werkstoffermüdung infolge wiederholter elastischer und plastischer Deformationen der oberflächennahen Bereiche.

In dieser Arbeit soll eine Einschränkung auf gravierende Verschleißformen, die beim adhäsiven Verschleiß auftreten, erfolgen. Diese gravierenden Formen sind als Fressen oder im Extremfall als Festfressen der Reibung bekannt und gefürchtet. Da diese Verschleißart den direkten Kontakt zwischen beiden Reibpartnern voraussetzt, ist eine Annäherung bis in atomare Bereiche notwendig. Eine Betrachtung dieser Verschleißart muss deshalb atomkinetische Prozesse berücksichtigen. Außerdem zeigen gerade die Erscheinungsformen des gravierenden Verschleißes, dass thermische Wirkungsmechanismen eine so große Bedeutung erlangen, dass der Verschleiß geradezu als Folge dieser Wirkungen aufritt (/Bow 64/, /Rab 65/). Aus dem zeitlichen Verlauf des Verschleißvorganges ist ebenfalls ersichtlich, dass die thermische und mechanische Überbeanspruchung des Materials zum Versagen führt /Grö 72/. Im Kapitel 3 dieser Arbeit wird gezeigt, wie beide Prozesse, die atomkinetischen einerseits und die thermischen andererseits, in ihrer gemeinsamen Wirkung das Geschehen während des adhäsiven Kontaktes beider Reibpartner regulieren. Insbesondere erlaubt die im Kapitel 2 zu behandelnde Platzwechseltheorie eine sehr anschauliche Deutung der notwendigen Kopplung von Mechanik und Thermodynamik und eine sehr einfache Erklärung der Doppelnatur aller Reib- und Verschleißprozesse.

1.2. Aus der Geschichte der Erforschung von Reibung und Verschleiß

Es sollen in diesem Abschnitt einige Stationen auf dem Wege zu einer adäquaten Beschreibung der komplizierten Vorgänge bei Reibungs- und Verschleißprozessen genannt werden, ohne jedoch einen Anspruch auf Vollständigkeit damit erreichen zu wollen. Die früheste wissenschaftliche Untersuchung der Reibung unternahm wohl Leonardo da Vinci (1452-1519) /Dow 73/. Er stellte fest, dass die Reibungskraft unabhängig von der Kontaktfläche und proportional zur Normalkraft ist:

$$F_R = \mu_G \cdot F_N \quad . \tag{1. 1}$$

Amontons (1622-1705) fand, dass der Reibkoeffizient μ_G, welcher das Verhältnis von Reibkraft zu Normalkraft ausdrückt, konstant ist. Die Grundgleichung (1. 1) wird sehr oft als Grundgesetz der Coulomb'schen Reibung bezeichnet. Das ist aber nicht ganz exakt, denn Coulomb (1736-1806) griff auf die Arbeiten von da Vinci zurück und untersuchte gegen Ende des 18. Jh. den Einfluss der Gleitgeschwindigkeit auf die Reibungskraft. Sein Verdienst ist die Feststellung, dass die Reibungskraft unabhängig von der Gleitgeschwindigkeit ist. Diese klassisch zu nennende Untersuchungen von da Vinci, Amontons und Coulomb zur

Festkörperreibung geben jedoch auf viele wichtige Probleme der modernen Technik keine ausreichende Antwort. Allein schon die Natur der Rollreibung wirft Probleme auf, die ohne eine mikroskopische Betrachtung an den Kontaktstelle nicht behandelt werden können /Rey 76/.

Die Vorstellung, dass Reibung eng zusammenhängt mit dem plastischen Verhalten der Werkstoffe, wurde 1925 zum ersten Male von GÜMPEL vorgeschlagen /Güm 25/. Eine entsprechende Modellvorstellung wurde 1943 von BOWDEN, MOORE und TABOR /Bow 43/ veröffentlicht. In diesem sog. Furchungsmodell betrachteten sie einen starren kreisförmigen Ritzkörper mit Kopfradius R, mit dem über eine Breite b eine Furche in einen weichen Gegenkörper mit kritischem Fließdruck p_0 gezogen wird. Für die Reibungskraft bei einer solchen Furchung sollte gelten

$$F_R = \frac{1}{12} \cdot \frac{b^3}{R} \cdot p_0 \qquad (1.2)$$

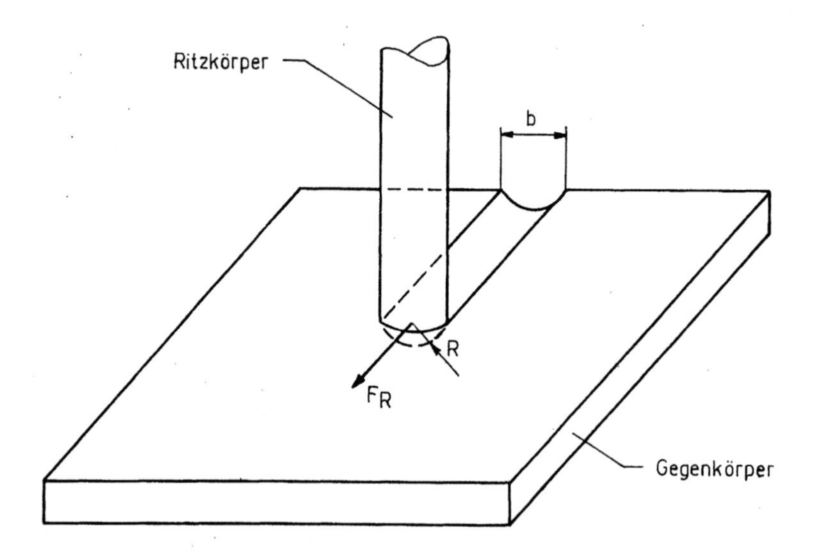

Bild 2: Das Entstehen einer Furche der Breite b unter Wirkung einer Reibungskraft F_R (R: Radius des Ritzkörpers) nach BOWDEN, MOORE und TABOR /Bow 43/

Eine Kombination elastischer und plastischer Eigenschaften bei der Reibungs- und Verschleißforschung wurde besonders in Modellen vorgeschlagen, die die mechanische

Wechselwirkung der Reibpartner über mikroskopische Oberflächenunebenheiten bzw. Oberflächenrauheiten erklären. Der Übergang vom elastischen zum plastischen Kontakt wird dabei durch bestimmte Fließkriterien bestimmt. Am bekanntesten sind die entsprechenden Ansätze von GREENWOOD, WILLIAMSON (1966) und KRAGELSKIJ (1971) (/Green 66/, /Krag 71/), auf die hier nicht weiter eingegangen werden soll. Das Verschleißmodell von KRAGELSKIJ ist ein spezielles Modell für den Ermüdungsverschleiß und wurde in der Folgezeit unter Benutzung moderner Rechentechnik und ausgeklügelter Rauheitsmodelle mit Erfolg weiterentwickelt. Man vergleiche dazu insbesondere die Arbeiten von BECKMANN, KLEIS und DIERICH (/Beck 83/, /Die 86/). Eine andere Vorstellung über das Wesen der Reibung schlugen BOWDEN und TABOR in ihrem Adhäsionsmodell vor /Bow 54/. Sie nahmen an, dass die Reibung nicht als plastisches oder elastisches Phänomen, sondern als eine Erscheinungsform der Adhäsion anzusehen ist. In diesem Alternativmodell zur Furchung gehen sie davon aus, dass beim Zusammendrücken zweier Materialien Kontakte entstehen, die bestimmt werden durch das zufällige Zusammentreffen von Unebenheiten beider Materialien. In diesen Kontakten tritt durch wechselseitige Anziehung Adhäsion auf. Gegenseitige Verschiebung beider Materialien kann nur infolge plastischer Verformung des weicheren Materials an den Kontaktstellen stattfinden.

Die Reibungskraft an einer Kontaktstelle ist das Produkt aus Kontaktgröße A_i und Fleißspannung τ_F. Die Gesamtkraft ergibt sich durch Summation über alle betroffenen Kontaktstellen

$$F_R = \tau_F \cdot \sum_i A_i \qquad . \qquad (1.3)$$

Dieses Adhäsionsmodell von BOWDEN und TABOR bestätigt die drei klassischen Gesetze von da Vinci, Amontons und Coulomb und liefert eine Erklärung für den Materialübertrag. Es enthält drei Aspekte, die zur Weiterentwicklung anregten. Der erste ist die Einbeziehung der Oberflächenrauheiten und ihr Einfluss auf Reibung und Verschleiß, wie er z. B. in der Verschleißtheorie von KRAGELSKIJ angedeutet ist.

Der zweite Aspekt ist die bei BOWDEN und TABOR zwar vorausgesetzte, aber nicht näher untersuchte plastische Verformung im kontaktnahen Material. Der dritte Aspekt ist die auf die Verschleißproblematik hinsteuernde Erklärung des Abtragens von Material. In dieser Richtung wurde das Adhäsionsmodell durch ARCHARD weiterentwickelt /Arch 53/. Er geht in seinem Modell davon aus, dass durch die Rauheiten auf den Kontaktflächen einer Metallpaarung verschieden große kreisförmige Kontaktstellen mit einem mittleren Radius a_l

entstehen, worin Adhäsion stattfindet, und dass dort mit der Wahrscheinlichkeit $\overline{æ}$ Verscheißleiteilchen der Größe

$$\overline{V} = \frac{2}{3}\pi \cdot a_1^3 \qquad (1.4)$$

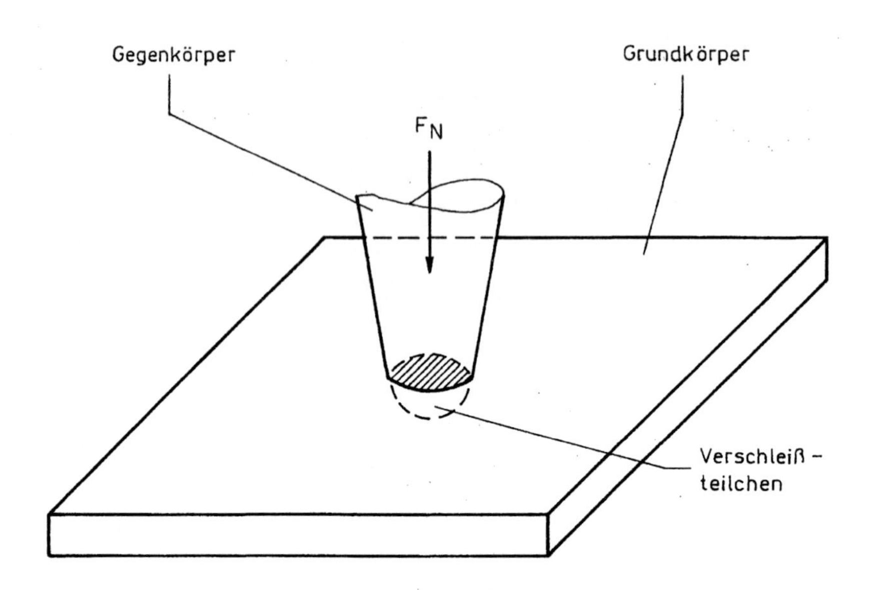

Bild 3: Das Entstehen eines Verschleißteilchens unter Wirkung einer Normalkraft F_N nach ARCHAD /Arch 53/

abgetragen werden. Für die Zahl der Kontaktstellen N verwendete er die Formel

$$N = \frac{F_N}{\pi \cdot a_1^2 \cdot p_0} \quad . \qquad (1.5)$$

Der Verschleiß berechnet sich in diesem Modell dann aus dem Produkt der drei Größen $\overline{V}$, N und $\overline{æ}$

$$\overline{V}_V = \frac{2}{3} \cdot \frac{F_N}{p_0} \cdot a_1 \cdot \overline{æ} \quad . \qquad (1.6)$$

Die Werte von $\overline{æ}$, welche nur experimentell bestimmbar sind, variieren sehr stark, was auf eine zu starke Vereinfachung hindeutet.

1.3. Die Bedeutung atomkinetischer und thermischer Prozesse bei der Erklärung und Untersuchung von Verschleißerscheinungen

In den modernen Verschleißtheorien setzt sich immer mehr der Gedanke durch, dass verschiedene Mechanismen einzeln oder in Kombination den Verschleißprozess bestimmen. Am bekanntesten ist die molekular-mechanische Theorie über Reibung und Verschleiß von KRAGELSKIJ /Krag 65/. Nach dieser Theorie besitzt die Reibung eine Doppelnatur, nämlich eine äußere abrasive, also teilchenablösende, und eine innere, den Festkörperverband erhaltende Verformung. Auch BOWDEN und TABOR vertraten diesen Standpunkt /Bow 43/. Insbesondere weisen DAUTZENBERG, ZAAT, SUH, FLEISCHER u. a. darauf hin, dass die Mechanismen der Diffusion, Abrasion, chemischen Reaktion und Delamination den Verschleißprozess entscheidend beeinflussen können (/Dau 73/, /Suh 73/, /Flei 73/, /Bren 78/). Das Auftreten von Schweißbrücken lenkte die Forscher stärker als bisher auf die Untersuchung thermischer Effekte (/Brow 81/, /Bow 59/, /Rab 65/). So kann z. B. die Entstehung von Temperaturblitzen, also die plötzliche unstetige Erhöhung der Temperatur in kleinen Bereichen an der Oberfläche der Reibpartner, aus der Zunahme von Wärmeschwingungen der Atome im Kristallverband fester Körper erklärt werden. Besteht zwischen zwei übereinandergleitenden Festkörpern eine Relativgeschwindigkeit und flächenmäßiger Anteil der Kontaktflächen, so treten Adhäsionskräfte auf, die eine Mitnahme der jeweils gleitenden Körper gewährleisten. Das führt zu elastischen und plastischen Scherverformungen beider Flächen, die bis zu einem gewissen Scherwinkel γ_0 im allgemeinen ohne Zerstörung und Volumenabtrag andauern, wobei die eingebrachte Energie als Wärmeenergie in die Oberfläche eindringt und sich dabei eine bestimmte Temperaturverteilung einstellt. Häufig treten dabei Schwingungen im akustischen Bereich auf (Quietschen von Bremsen usw.). Die thermischen Schwingungen sind maximal im Bereich der Oberflächen und rufen dort lokale Erwärmungen hervor, die zum Schmelzen oberflächennaher Schichten führen können /Brow 81/. Sind die auftretenden elastischen und plastischen Spannungen größer als die örtlichen molekularen oder atomaren Kräfte, die den Zusammenhalt des Festkörpers bedingen, so kann es zur Bildung von Verwerfungen kommen, oder es werden einzelne Teile herunter bis zu atomaren Größen abgerissen und damit dem Verband innerhalb des Festkörpers entzogen. Für dieses Abreißen submikroskopischer Teilchen bzw. Oberflächenschichten ist weder die auf GRIFFITH zurückgehende Theorie der Rissausbreitung bei Vorhandensein elastischer Spannungen noch irgend eine andere Sprödbruchtheorie anzuwenden (/Griff 21/, /Hirth 68/, /Hirth 76/, /Kampf 80/), auch nicht die

Abblätterungsverschleißtheorie von SUH, die eine Weiterentwicklung der Theorie von GRIFFITH ist /Suh 73/. Neben der in diesen Theorien vordergründigen Betrachtung des Einflusses elastischer Deformationen auf das Bruch- und Verschleißverhalten konzentrieren sich andere Forscher in neuerer Zeit besonders auf die zu einer bleibenden Verformung führenden und für den Verschleiß ebenso notwendigen plastischen Deformationen und ihren Zusammenhang mit energetischen und thermischen Umsetzung. Nach TROSS verbleibt z. B. die Arbeit zur elastischen Deformation als mechanisch gespeicherte potenzielle Energie im Körper, während die Arbeit zur plastischen Deformation sofort in thermische Schwingungsenergie umgewandelt wird /Tross 66/. Der Schlüssel zur Klärung der Grenze der Festigkeit liegt in der Theorie von TROSS im atomkinetischen Bereich, wobei vier parallel zueinander ablaufende, sich gegenseitig beeinflussende thermische Vorgänge eine vorrangige Rolle spielen:

I. Submikroskopische Anregung der Atome auf höhere kinetische Energieniveaus durch Umwandlung mechanischer potenzieller Energie in Schwingungsenergie
II. Steigerung der Energiedichte in mikroskopischen Bereichen auf bestimmte Schwell-werte
III. Erwärmung makroskopischer Schichten
IV. Wärmeableitung in den Körper hinein (/Tross 66/, /Tross 67/).

Danach hängt der Mechanismus des Fließens und Trennens mit den molekularen oder atomaren Umlagerungen zusammen, die entweder nur thermische Schwingungen anregen (Dissipation ohne Verschleiß) oder zur Ablösung von Partikeln bis in atomare Bereiche führen. Die Dissipation ohne Verschleiß, also das plastische Fließen, ist unter diesen Bedingungen als ein Platzwechselvorgang aufzufassen, bei dem die Umlagerungen mikroskopischer Fließeinheiten in ihrer Gesamtheit den makroskopischen Deformationszustand bestimmen. Die wesentliche Aufgabe der vorliegenden Arbeit ist eine atomkinetische Deutung von Reibungs- und Verschleißvorgängen. Damit unterscheidet sich die im folgenden bearbeitete Problemstellung wesentlich von den auf phänomenologischen Gesetzen oder auf empirischen Erfahrungen beruhenden anderen Arbeiten zu dieser Problematik (/Buck 68/, /Buck 81/, /Hirth 68/, /Hirth 76/, /Toml 29/, /Uetz 78/, /Zen 44/, /Chris 79/).

2. Platzwechselvorgänge und plastische Deformation

2.1. Atomkinetische Prozesse und ihre Rolle bei der plastischen Deformation

Im Vordergrund dieses Abschnittes sollen Betrachtungen zu möglichen Platzwechselvorgängen stehen mit dem Ziel, ein für alle Platzwechselprozesse allgemeines mathematisches Modell aufzustellen, aus dem durch Konkretisierung der auftretenden Parameter ein spezielles Modell für die bei Reibung und Verschleiß tatsächlich stattfindenden atomkinetischen Prozesse gewonnen werden kann.

Noch vor einigen Jahren wurde angenommen, dass die plastische Deformation gut zu erklären ist, wenn man die Eigenschaften der Versetzungen wie Burgers-Vektoren, Abhängigkeit der Versetzungsgeschwindigkeit von der Spannung und die Versetzungsdichte kennt /Hirsch 59/. Andererseits wurde angenommen, dass der Beitrag anderer Defekte zur plastischen Deformation vernachlässigbar klein sei gegenüber dem Beitrag der Versetzungen /Mar 65/. Demzufolge wurden nur die Versetzungen betrachtet, oder im günstigsten Falle wurde der Einfluss anderer Defekte auf die Versetzungsgeschwindigkeit berücksichtigt. Die Versetzungstheorie bezieht sich auf den Einfluss von Störungen im kristallinen Gittergefüge und erklärt die Möglichkeit einer plastischen Deformation. Es ist jedoch falsch, die für die Reibung aufgebrachte Arbeit mit der Arbeit zur Entstehung und Bewegung von Versetzungen gleichzusetzen, weil diese klein gegenüber der Arbeit ist, die für eine Überwindung der molekularen Wechselwirkung aufgebracht werden muss. Aus einer Energieabschätzung von PREUSS bei der Erzeugung eines Härteeindrucks in einer kristallinen Substanz kann man schließen, dass höchstens 2 % der eingebrachten Gesamtenergie für die elastischen Verspannungen und nicht mehr als 2 % für die Bewegung von Versetzungen verbraucht werden /Preuss 77/. PREUSS vermutet deshalb: „Ca. 97-98 % der Arbeit wird für die außerordentlich starken Strukturumwandlungen im Nahbereich des Indentors verwendet“ (S. 84 in der angegebenen Arbeit). Er neigt dazu, bei der Erklärung des hohen Energieverbrauchs für die Strukturumwandlung vom Versetzungsmodell abzugehen und hier einen anderen Mechanismus zugrunde zu legen. Es soll deshalb die Vermutung ausgesprochen werden, dass die starken Strukturänderungen in unmittelbarer Nähe des Indentor-Eindruckes verursacht werden durch Platzwechselvorgänge mit hoher Konzentration in diesen Bereichen. Dass dieser Vermutung eine hohe Glaubwürdigkeit zukommt, bestätigt auch HOLZMÜLLER /Holz 87/. Man kann sagen, dass bei der Bewegung von Versetzungen die

Aktivierungsenergien, d. h. die Energien zu deren Umlagerungen im Kristallgitter, gegenüber der thermischen Energie von derselben Größenordnung sind, so dass Umlagerungen der Versetzungslinien momentan auftreten und nicht erst kräftige Wärmestöße abgewartet werden müssen. Bei den Punktumlagerungen hingegen ist meist die durch chemische Kräfte bedingte Aktivierungsenergie größer, so dass nur beim Vorliegen starker Wärmestöße eine Umlagerung erfolgt und damit die plastische Verformung sehr stark temperaturabhängig wird. Insbesondere unter extremen Bedingungen können demnach Fließzustände auftreten, die nicht mit der Versetzungstheorie erklärt werden können. So zeigen zum Beispiel elektronenmikroskopische Bilder von Indentoreindrücken bei der Mirkohärteprüfung von Kristallen, dass der Kristall völlig die Gestalt des Indentors angenommen hat und frei von Gleitstufen ist. Der kegelförmige Indentor (in Bild 4 von zwei Seiten) ließ nach Entlastung ein getreues Abbild seiner abgerundeten Spitze in der kristallinen Substanz zurück (Bild 5).

Bild 4 (links): Kegelförmiger Indentor mit abgerundeter Spitze von zwei Seiten

Bild 5 (rechts): Elektronenmikroskopische Aufnahme des Indentoreindruckes im Kristall

Es sollen deshalb anhand von Punktdefekten zunächst wesentliche Merkmale von Platzwechselvorgängen erläutert werden. Punkdefekte treten als Leerstellen, Zwischengitteratome und Fremdatome auf. Sie können sich im Prozess der plastischen Deformation bilden, in Wechselwirkung mit vorhandenen Versetzung treten und durch Anlagerung an eine lineare Versetzung zu einer Koagulation führen. Insbesondere kann eine Leerstellenkoagulation der Ausgangspunkt für eine Rissbildung in einem Kristall sein. Unter einer Leerstelle kann man sich einen leeren Kristallgitterplatz vorstellen (Bild 6).

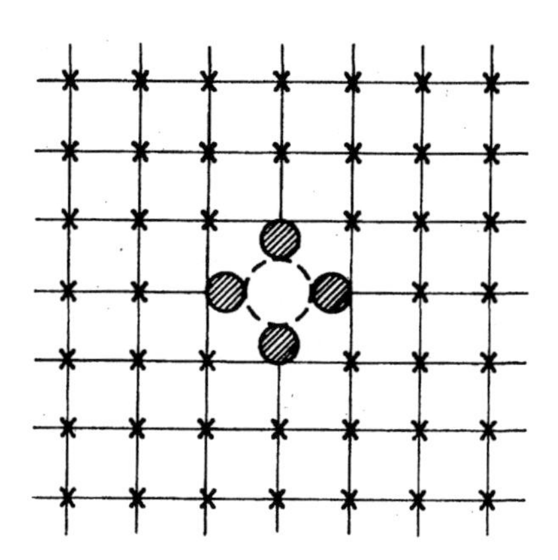

Bild 6: Atomverschiebungen in der Nähe einer Leerstelle.
X Atomanordnung im idealen Kristall
● Lage der Atome in der ersten Koordinationssphäre in der Nähe der Leerstelle. Diese Atome können auf den Platz der Leerstelle springen.

Die für uns interessanteste Eigenschaft der Leerstelle ist ihre kleine Bildungsenergie E_L, d. h. eine Leerstelle kann sich bei beliebiger Einwirkung auf den Körper bilden, und deshalb kann die Leerstellenkonzentration große Werte annehmen.

Für viele Metalle korreliert die Leerstellenbildungsenergie gut mit der Schmelztemperatur T_S:

$$E_L \approx 9 \cdot k \cdot T_S \qquad \text{/Vlad 76/} \qquad (2.\ 1)$$

Tabelle 1 im Anhang gibt für einige Metalle die so ermittelten Leerstellenbildungsenergien wieder. An der Oberfläche des Materials hat man offenbar mit einem noch niedrigeren Wert von E_L zu rechnen als im Innern des Körpers.

Es ist deshalb sinnvoll, für die Defektstellenbildungsenergie E_D in Verallgemeinerung von Gleichung (2. 1) eine analoge Formel zu verwenden:

$$E_D = æ_D \cdot k \cdot T_S \quad , \qquad (2.\ 2)$$

mit dem von Fall zu Fall variierenden Faktor $æ_D$.

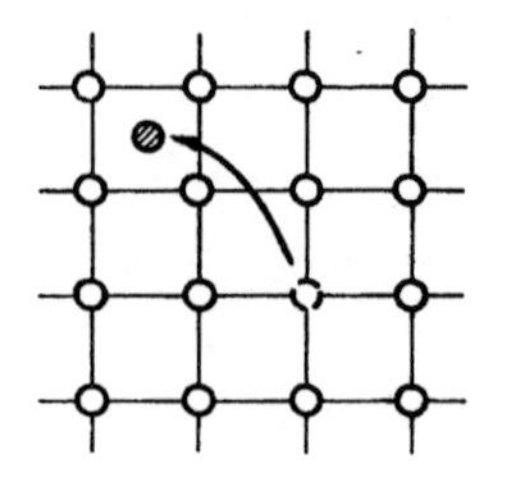

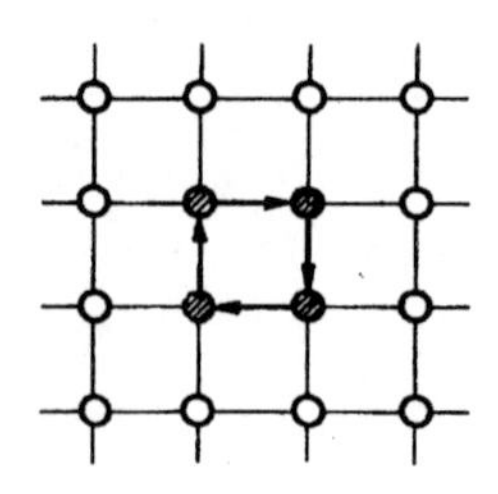

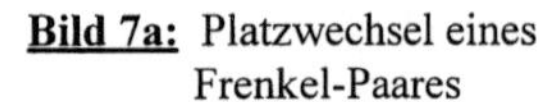

Bild 7a: Platzwechsel eines Frenkel-Paares

Bild 7b: Ringplatzwechsel

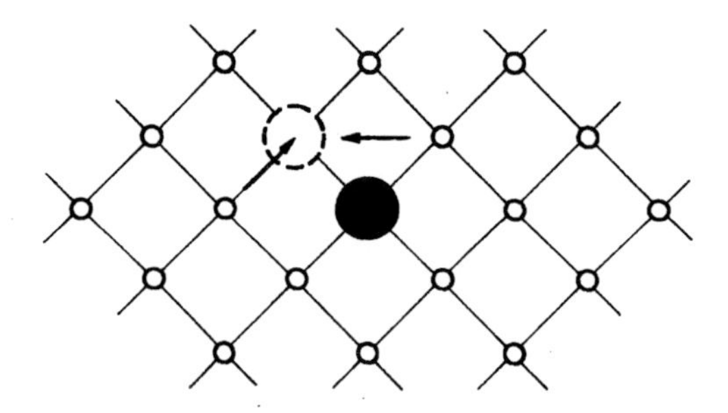

Bild 7c: Flotationsplatzwechsel um ein Fremdatom

Bei der Bildung von Frenkel-Paaren zum Beispiel (vgl. Bild 7a) liegt $æ_D$ in der Nähe von ungefähr 35, so dass dieser Platzwechselmechanismus nicht über Wärmefluktuationen ablaufen kann. Wahrscheinlicher ist der Prozess von Ringplatzwechseln, bei dem mehrere Atome gleichzeitig Sprünge ausführen und dabei ihre Plätze auswechseln (Bild 7b). Der Faktor $æ_D$ hängt in diesem Falle von der Zahl der am Ringplatzwechsel beteiligten Atome ab, jedoch ist $æ_D$ noch wesentlich größer als für den Leerstellenmechanismus. Gleiches trifft für $æ_D$ beim Flotationsplatzwechsel zu (Bild 7c).

Im Gegensatz zu Leerstellen, die nur eine stabile Lage im Gitter aufweisen, können Zwischengitteratome drei verschiedene stabile Positionen im Gitter einnehmen, die normale Zwischengitterkonfiguration, die Hantelkonfiguration und die Crowdionlage (Bild 8a bis 8c). Ihre Beweglichkeit ist wesentlich höher als die von Leerstellen.

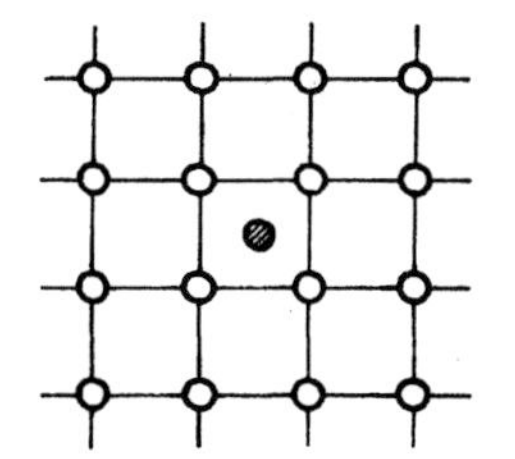

Bild 8a: Normale Zwischengitterkonfiguration

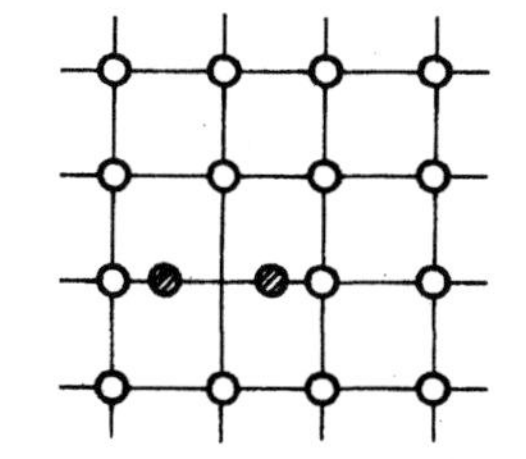

Bild 8b: Hantelkonfiguration

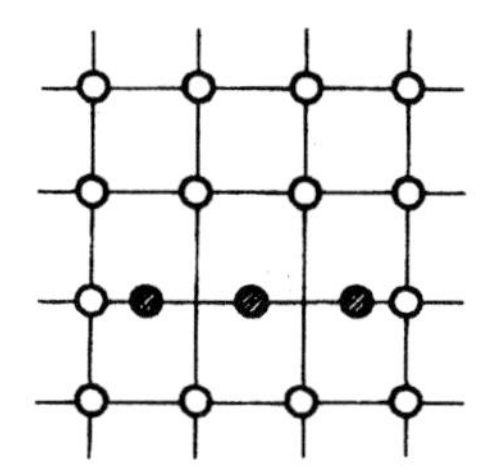

Bild 8c: Crowdionlage

Für die Defektstellenbildungsenergie eines Crowdions sind Werte in der Größenordnung der atomaren Schmelzenergie charakteristisch, d. h. $æ_D \approx 1$. Crowdions werden deshalb sehr leicht durch Wärmestöße zu einer Bewegung im Gitter angeregt. Ihre Verschiebung ist ähnlich der Bewegung von Eisenbahnwaggons, die beim Rangieren von der Lokomotive angestoßen werden. Man kann ihre Bewegung mit dem Fortbewegen einer Raupe vergleichen, d. h. Crowdionplatzwechsel tragen ausgeprägt anisotropen Charakter. Sind andere Atome als die des Grundgitters auf Gitter- oder Zwischengitterplätzen, so handelt es sich um Fremdatome als Punktdefekte. Je nach der Größe des $æ_D$-Wertes sind die Punktdefekte mehr oder weniger befähigt, durch das Gitter zu wandern, und zwar in umso stärkerem Maße, je höher die Temperatur ist. Solche Platzwechselvorgänge sind sowohl physikalisch wie technisch von größtem Interesse. Wenn sie unabhängig voneinander in statistischer Weise erfolgen, bilden sie die Grundlage der Diffusion. Erfolgen die Platzwechsel jedoch aufeinander abgestimmt und nicht unabhängig voneinander, können infolge einer Reihe gleichartiger mikroskopischer Veränderungen makroskopische Effekte auftreten. So kann man sich zum Beispiel die Elementarvorgänge bei der plastischen Deformation durch auf Grund eines äußeren Zwanges, z. B. der mechanisch aufgebrachten Spannung, hervorgerufene simultane Platzwechselvorgänge vorstellen. Die plastische Deformation entsteht in der Regel als irreversible Formänderung eines Körpers bei der Einwirkung von Spannungen. Diese Formänderung bedeutet eine Änderung der Lage der nächsten Nachbarn eines Atoms oder einiger Atome in einem Gebiet der Größenordnung einiger Atomvolumina. Da Punktdefekte Stellen mit verzerrter Nahordnung sind, führt eine Verschiebung von Punktdefekten stets zu einer Verschiebung einzelner Atome relativ zu anderen. Liegen die Punktdefekte auf einer Linie wie z. B. am Ende einer in das Gitter eingeschobenen Netzebene und erfolgen die Platzwechsel gekoppelt in Richtung der Schubspannung τ, so kann die simultane mikroskopische Bewegung der Punktdefekte makroskopisch als plastische Deformation in Schubspannungsrichtung beobachtet werden. Es liegen hier ganz ähnliche Verhältnisse vor wie bei der Bewegung einer Teppichfalte von einem Teppichende zum anderen, wo als Resultat auch eine Verschiebung des gesamten Teppichs in Faltenrichtung erfolgt. Die Bewegung einer Stufenversetzung entlang einer Gleitebene, das Klettern einer Stufenversetzung, die Bewegung von Kinken und anderer in der Versetzungstheorie behandelten Bewegungsmechanismen kann man deshalb auch als spezielle Platzwechselvorgänge interpretieren.

Das allen Platzwechselprozessen Gemeinsame ist die Möglichkeit, vorhandene Hindernisse, welche Energiebarrieren darstellen, mit einer bestimmten von null verschiedenen Wahrscheinlichkeit überwinden zu können.

Die Energiebarrieren U_O werden durch die Bindungskräfte zwischen den zum Platzwechsel befähigten Teilchen festgelegt. Die Platzwechselwahrscheinlichkeit W_p entsteht durch die für Mirkoobjekte typischen Wärmefluktuationen, die umso größer sind, je höher die absoluten Temperaturen T liegen. Befindet sich das platzwechselnde Mikroobjekt auf einem bestimmten Ausgangsniveau E_0, so wird es ihm umso leichter gelingen, das Hindernis U_O zu überwinden, je höher E_0 liegt, d. h. es kommt im wesentlichen auf die Differenz $U_O - E_0$ an. Der mathematisch adäquate Ausdruck für die Platzwechselwahrscheinlichkeit W_p bei einem Wärmestoß ist deshalb eine Arrhenius-Beziehung der Form

$$W_p = \exp\left\{-\frac{U_0 - E_0}{k \cdot T}\right\} \quad , \qquad (2.\,3)$$

wobei $k = 1{,}3805 \cdot 10^{-23}$ Ws $\cdot$ K^{-1} die Boltzmannkonstante ist. Führt man nach dem Vorbilde von DEBYE für die Energiedifferenz U_O - E_0, welche nichts anderes als die Aktivierungsenergie für Platzwechselprozesse darstellt, eine charakteristische Temperatur T^* gemäß der Beziehung

$$U_O - E_0 = k \cdot T^* \qquad (2.\,4)$$

ein /Deb 51/, so kann man für Gleichung (2. 3) einfacher

$$W_p = \exp\left\{-\frac{T^*}{T}\right\} \tag{2. 5}$$

schreiben. Die charakteristische Temperatur T^* wird bei den weiteren Ausführungen in dieser Arbeit eine große Rolle spielen, da sie die Festigkeit innerhalb des Festkörpers charakterisiert. Es stellt sich nun die Frage, wie sich die mikroskopischen Platzwechsel makroskopisch bemerkbar machen. Wie schon oben bemerkt, sind zwei Fälle möglich. Der erste, hier jedoch weniger interessierende Fall, ist das Auftreten von Diffusionsphänomenen. Der zweite, im weiteren allein zu verfolgende Fall, ist das Auftreten plastischer Deformationen. Plastische Deformationen treten hauptsächlich an Stellen mit gestörter Struktur im Grundgefüge eines Festkörpers auf, zum Beispiel in der Nähe von Lücken, Löchern oder Poren im Gefüge /Schill 81/.

Charakterisiert man solche Störungen oder Abweichungen von der idealen Struktur durch die Wahrscheinlichkeit ihres Auftretens infolge starker Wärmestöße, so kann man mit der Defektstellenbildungsenergie aus Gleichung (2. 2) einen Parameter α für den Störungsgrad in der Form

$$\alpha = \exp\left\{-\text{æ}_D \cdot \frac{T_S}{T}\right\} \tag{2. 6}$$

definieren. Die plastische Deformation wird proportional zu diesem Parameter und proportional zur Platzwechselwahrscheinlichkeit sein. Bezieht man die plastische Deformation ε_p auf die Zeiteinheit, so muss der Proportionalitätsfaktor eine Größe mit der Dimension s^{-1}, also eine charakteristische Frequenz sein. HOLZMÜLLER schlägt dafür ein Drittel der durchschnittlichen Schwingungsfrequenz ν_0 der am Platzwechsel beteiligten Mikroobjekte vor /Holz 59/. Man erhält deshalb als grundlegende Beziehung zwischen makroskopischer Deformationsgeschwindigkeit $\dot{\varepsilon}_p$ und mikroskopischen Platzwechseln die Gleichung

$$\dot{\varepsilon}_p = \frac{\nu_0}{3} \cdot \alpha \cdot W_p \quad . \tag{2. 7}$$

Setzt man für den Parameter α und die Platzwechselwahrscheinlichkeit W_p die Relationen aus den Gleichungen (2. 6) und (2. 5) ein, so erhält man die Grundgleichung des in dieser Arbeit vorgeschlagen allgemeinen mathematischen Modells für alle Platzwechselprozesse:

$$\dot{\varepsilon}_p = \frac{\nu_0}{3} \cdot \exp\left\{-\text{æ} \cdot \frac{T_S}{T}\right\} \cdot \exp\left\{-\frac{T^*}{T}\right\} \quad . \tag{2. 8}$$

In dieser Gleichung wird nichts über die Art der am Platzwechsel beteiligten Objekte ausgesagt. Ob also die plastische Deformation durch Platzwechsel von Versetzungen, Kinken, Crowdions, Zwillingen oder rein atomar zustande kommt, kann erst durch spezielle Festlegung der Größen ν_0, $æ_D$ und T^* entschieden werden. Die tatsächlich bei Reibungs- und Verschleißprozessen ablaufenden Platzwechselprozesse sind von so komplizierter Natur, dass zur Konkretisierung der auftretenden Parameter weitere für Reibung und Verschleiß typische Gesetzmäßigkeiten herangezogen werden müssen. Zur Illustration der Konkretisierung auf spezielle Platzwechselprozesse sollen im folgenden atomare Platzwechsel und Platzwechsel von Versetzungen etwas näher untersucht werden.

2.2. Das atomare Platzwechselmodell

Das atomare Platzwechselmodell ist ein besonders einfacher und anschaulicher Platzwechselmechanismus, der als stark vereinfachtes Bild des realen und viel komplizierteren Platzwechselmechanismus dienen soll. In diesem Modell ist das platzwechselnde Objekt ein harmonischer Oszillator. In der Realität handelt es sich tatsächlich um nichtharmonische Oszillatoren, sodass man natürlich mit dem harmonischen Oszillatormodell nicht alle Erscheinungen, wie zum Beispiel die Wärmeausdehnung fester Körper, beschreiben kann. Um jedoch die in der Grundgleichung (2. 8) auftretenden Parameter besser zu verstehen, soll das harmonische Oszillatormodell zur Illustration herangezogen werden. Für die Wahrscheinlichkeit w_{Ei}, dass sich ein harmonischer Oszillator im Zustand i mit dem Energieniveau

$$E_i = h \cdot \nu_0 \cdot \left(\frac{1}{2} + i \right); \; i = 0, 1, 2, \ldots \qquad (2.\ 9)$$

befindet, gilt

$$W_{Ei} = \frac{\exp\left\{ -i \cdot \frac{h\nu_0}{kT} \right\}}{\sum_{i=0}^{\infty} \exp\left\{ -i \cdot \frac{h\nu_0}{kT} \right\}} \qquad (2.\ 10)$$

(/Schp 73/, /Macke 65/),

wobei $h = 6{,}625 \cdot 10^{-34}$ Ws^2 das Plancksche Wirkungsquantum,

$$k = 1{,}3805 \cdot 10^{-23}\ Wsk^{-1}$$

die Bolzmann-Konstante, T die absolute Temperatur und ν_0 die Eigenfrequenz des harmonischen Oszillators ist. Für die mittlere Anregungsstufe erhält man aus

$$\bar{i} = \sum_{i=0}^{\infty} i \cdot W_{Ei} \tag{2.11}$$

$$\bar{i} = -\frac{\partial \ln\left(\sum_{i=0}^{\infty} \exp\left\{-i \cdot \frac{h\nu_0}{kT}\right\}\right)}{\partial\left(\frac{h\nu_0}{kT}\right)} \tag{2. 12}$$

bzw.

$$\bar{i} = \frac{1}{\exp\left\{\frac{h\nu_0}{kT}\right\} - 1} \quad , \tag{2. 13}$$

wenn man beachtet, dass die Summe im Logarithmus eine unendliche konvergente geometrische Reihe mit dem Quotienten

$$q = \exp\left\{-\frac{h\nu_0}{kT}\right\} \tag{2. 14}$$

ist /Born 79/. Aus Gleichung (2. 13) erhält man für die Eigenfrequenz ν_0 den Ausdruck

$$\nu_0 = \frac{k \cdot T}{h} \cdot \ln\left(1 + \frac{1}{\bar{i}}\right) \quad . \tag{2. 15}$$

Setzt man

$$T^* = T \cdot \ln\left(1 + \frac{1}{\bar{i}}\right) \quad , \tag{2. 16}$$

so besteht zwischen Eigenfrequenz ν_0 und charakteristischer Temperatur T^* die Beziehung

$$T^* = \frac{h}{k} \cdot \nu_0 \quad . \qquad \text{/Macke 65/} \tag{2. 17}$$

T^* ist ein Maß für die Bindungskraft der um ihren Ruhelage schwingenden Atome im Kristall und damit für die Härte des Festkörpers. Harte Körper mit sehr fest gebundenen Atomen entsprechen sehr großen Bindungskräften und damit sehr hohen Eigenfrequenzen ν_0. Bei gestörten Bindungen fällt T^* stark herab, weil die Eigenfrequenzen ν_0 dann sehr viel niedriger liegen. Berechnet man für den harmonischen Oszillator die Wahrscheinlichkeit W_p dafür, dass er ein Energieniveau

$$E_i \geq E_n = U_O \tag{2. 18}$$

hat, so erhält man aus (2. 10) durch Summation über alle i ≥ n

$$W_p = \frac{\sum_{i=n}^{\infty} \exp\left\{-i \cdot \frac{h\nu_0}{kT}\right\}}{\sum_{i=0}^{\infty} \exp\left\{-i \cdot \frac{h\nu_0}{kT}\right\}} \tag{2. 19}$$

bzw.

$$W_p = 1 - \frac{\sum_{i=0}^{n-1} q^i}{\sum_{i=0}^{\infty} q^i} = q^n \quad , \tag{2. 20}$$

wenn man wieder die Eigenschaften von geometrischen Reihen mit q aus (2. 14) verwendet.

Das Ergebnis

$$W_p = q^n = \exp\left\{-n \cdot \frac{h \cdot \nu_0}{kT}\right\} \tag{2. 21}$$

nimmt wegen $U_0 = E_n = h \cdot \nu_0 \left(\frac{1}{2} + n\right)$ genau die Arrhenius-Beziehung

$$W_p = \exp\left\{-\frac{U_0 - E_0}{k \cdot T}\right\} \tag{2. 3}$$

an, wenn man das Ausgangsniveau des harmonischen Oszillators mit seiner Nullpunktsenergie

$$E_0 = \frac{1}{2} h \cdot \nu_0 \tag{2. 22}$$

identifiziert /Heb 69/.

Die von null verschiedene Wahrscheinlichkeit W_p, dass ein Teil der je Sekunde stattfindenden Schwingungen ν_0 eine größere oder gleich große Energie als U_O besitzt, erlaubt den schwingenden Kristallatomen, sich mit derselben Wahrscheinlichkeit von ihrer Bindung an eine bestimmte Stelle im Festkörper zu befreien, wenn die Bindungsenergie U_O beträgt. Beachtet man, dass das platzwechselnde Kristallatom jede beliebig vorgegebene Raumrichtung einschlagen kann, so muss man die Platzwechselwahrscheinlichkeit W_p mit dem mittleren Cosinusquadrat über alle Raumrichtungen, das aber gerade 1/3 beträgt, und mit der Eigenfrequenz ν_0 multiplizieren, um die je Sekunde erfolgenden Platzwechsel $\dot{z}_p$ in eine bestimmte Richtung berechnen zu können:

$$\dot{z}_p = \frac{1}{3} \cdot \nu_0 \cdot W_p = \frac{\nu_0}{3} \cdot \exp\left\{-\frac{U_0 - E_0}{k \cdot T}\right\} \tag{2. 23}$$

Diese Größe ist identisch mit der durch die Platzwechsel hervorgerufenen Deformationsgeschwindigkeit $\dot{\varepsilon}_p$

$$\dot{\varepsilon}_p = \dot{z}_p \quad . \tag{2. 24}$$

Setzt man

$$E_D = U_O - k \cdot T^* - E_0 = æ_D \cdot k \cdot T_s \quad , \tag{2. 25}$$

so nimmt $\dot{\varepsilon}_p$ die Form der Grundgleichung (2. 8) an:

$$\dot{\varepsilon}_p = \dot{z}_p = \frac{\nu_0}{3} \cdot \exp\left\{- æ_D \cdot \frac{T_S}{T}\right\} \cdot \exp\left\{-\frac{T^*}{T}\right\} \quad . \tag{2. 8}$$

2.3. Das Versetzungsplatzwechselmodell

Wie in Abschnitt 2.1 qualitativ beschrieben wurde, können alle in der herkömmlichen Versetzungstheorie behandelten Bewegungsmechanismen als spezielle Platzwechselmechanismen aufgefasst werden. Die quantitative Beschreibung muss deshalb den wichtigen Grundgleichungen (2.5) und (2.8) des allgemeinen Platzwechselmodells genügen.

Als grundlegend für ein quantitatives Verständnis der Temperaturabhängigkeit der Festigkeit erwies sich die thermische Aktivierung und damit die Auslösung von Platzwechseln. Bei Versetzungen muss man unterscheiden zwischen der Aktivierung isolierter Versetzungen und der Aktivierung von Versetzungen, die in Wechselwirkung mit anderen Versetzungen oder Baufehlern innerhalb des Atomgitters stehen. Die isolierten Versetzungen sind weniger von Interesse, da ihre Aktivierungsenergien gegenüber der thermischen Energie von derselben Größenordnung sind, so dass Umlagerungen der Versetzungslinie momentan auftreten und nicht erst kräftige Wärmestöße abgewartet werden müssen. Anders bei den mit bestimmten Hindernissen in Wechselwirkung stehenden Versetzungen, welche zur Überwindung des Hindernisses, zum Beispiel einer anderen Versetzung, stärkere Wärmstöße verlangen, und damit die Bewegung sehr stark temperaturabhängig wird (/Pau 78/, /Hab 80/, /Mey 77/). KOCKS, ARGON und ASHBY schlugen 1975 ein Versetzungsmodell vor, in dem der Temperatureinfluss auf die Versetzungsbewegung in diesem Falle durch eine Arrhenius-Beziehung analog zur Grundgleichung (2. 5)

$$W_p = \exp\left\{-\frac{\Delta G}{kT}\right\} \tag{2. 26}$$

mit der freien Enthalpie

$$\Delta G = \Delta F - \Delta W \qquad (2.27)$$

beschrieben wurde /Kocks 75/.

Die Besonderheit dieses Modells besteht darin, dass für die Platzwechselwahrscheinlichkeit W_p von Versetzungen, also für die Wahrscheinlichkeit dafür, dass eine Versetzung ein ihr in den Weg kommendes Hindernis überwindet, die freie Energie ΔF nach HELMHOLTZ und die akkumulierte mechanische Arbeit ΔW die Rolle von U_O und E_0 übernehmen. Insbesondere das Ersetzen des Ausgangsniveaus E_0 der stattfindenden Versetzungsplatzwechsel durch die von außen aufgebrachte und im Inneren gespeicherte mechanische Arbeit ΔW wird bei der Anwendung der Platzwechseltheorie auf die Verschleißproblemantik von hervorragender Bedeutung sein.

Die charakteristische Temperatur T^*, bei der die Versetzungen thermisch aktiviert werden, ergibt sich in diesem speziellen Platzwechselmodell aus Gleichung (2. 26):

$$T^* = \frac{\Delta G}{k} = \frac{\Delta F - \Delta W}{k} \quad , \qquad (2.28)$$

wobei wieder k die Boltzmann-Konstante ist.

Für die Deformationsgeschwindigkeit $\dot{\varepsilon}_p$ infolge plastischer Deformation gilt hierbei:

$$\dot{\varepsilon}_p = \nu_V \cdot \alpha_0 \cdot \exp\left\{-\frac{T^*}{T}\right\} \quad . \qquad (2.29)$$

Der Vergleich mit der Grundgleichung (2. 8) gestattet die Feststellung, dass die Schwingungsfrequenz ν_V der Versetzungen bis auf den Faktor 1/3 mit der charakteristischen Frequenz ν_0 übereinstimmt und die von Burgersvektor $\vec{b}$ und Versetzungsdichte ρ_V abhängige Größe α_0 dem Parameter α entspricht, der ein Maß für den Einfluss von Störungen im kristallinen Gittergefüge darstellt.

Es soll an dieser Stelle nicht weiter auf die interessanten theoretischen Untersuchungen von KOCKS, ARGON und ASHBY eingegangen werden, da die tatsächlich ablaufenden Platzwechselvorgänge, wie bereits in Abschnitt 2. 1 hervorgehoben, nicht ausschließlich auf Versetzungsplatzwechsel zurückgeführt werden können.

Das weitere Interessen in dieser Arbeit wird vorrangig darin liegen, die realen Platzwechselprozesse aus der Menge aller möglichen Platzwechselprozesse durch Anwendung des Energieerhaltungssatzes der Thermomechanik auszusondern. Das besondere Augenmerk wird dabei immer auf solche Prozesse gelegt, die für den Verschleiß von Wichtigkeit sind.

3. Platzwechsel – Kopplung von Mechanik und Thermodynamik

3.1. Gesetze der Thermomechanik

Die Anwendung der normalen Wärmeleitungsgleichung ohne inneren Quellterm zur Berechnung der Temperaturverteilung in den Reibflächenbereichen von Reibpaarungen wurde von mehreren Autoren vorgeschlagen (/Block 63/, /Cis 67/, /Rab 65/, /Arch 59/, /They 67/, /Storo 68/, /Brend 78/). In diesen Modellen werden Gleichungen der Thermodynamik sinnvoll auf Probleme von Reibung und Verschleiß angewandt. Dem Gesichtspunkt der Wärmeerzeugung infolge äußerer Reibung und Wärmeströmung in die Reibkörper hinein wird damit völlig Genüge getan (/Krau 76/, /Nitt 82/). Der Gesichtspunkt der Wärmeerzeugung infolge innerer Reibung und Wärmeströmung kann jedoch nur Befriedigung erfahren, wenn man innere Quellterme heranzieht und die Gesetze der Thermomechanik berücksichtigt. Einen großangelegten Versuch zur vollständigen Kopplung von Thermodynamik und Mechanik zur Thermomechanik hat ZIEGLER 1983 unternommen /Ziegl 83/. Vom feldtheoretischen Standpunkt zeigt er, dass eine Entkopplung beider bisher scheinbar getrennter physikalischer Disziplinen bei Reibungsvorgängen nicht möglich ist. Mathematisch drück sich das im 1. Hauptsatz der Thermomechanik aus:

$$\sum_k \sum_l \sigma_{kl} \cdot \mathrm{v}_{k,l} = \rho \cdot \dot{u} + \sum_k q_{k,k} \tag{3. 1}$$

In dieser Gleichung ist σ_{kl} der Spannungstensor der im Körper wirkenden dissipativen Kräfte, $\mathrm{v}_{k,l}$ der Tensor der Deformationsgeschwindigkeit, ρ die Körperdichte, $\dot{u}$ die zeitliche Änderung der spezifischen inneren Energie und $q_{k,k}$ die Divergenz des Wärmeflussvektors. Das Komma hinter den Vektorindizes soll in dieser verkürzten Schreibweise die partielle Ableitung nach der durch den zweiten Index angedeuteten räumlichen Koordinate bedeuten. Die von außen zugeführte mechanische Arbeit $\sum_k \sum_l \sigma_{kl} \cdot \mathrm{v}_{k,l}$ wird gemäß dieser Gleichung im Inneren des Körpers durch einen zunächst noch nicht erklärten Dissipationsprozess vollständig in Wärme umgewandelt, die erstens die Temperatur wegen

$$\dot{T} = \frac{\dot{u}}{c} \tag{3. 2a}$$

erhöht und zweitens wegen

$$\sum_k q_{k,k} = -\lambda \cdot \sum_k T_{,kk} \tag{3. 2b}$$

ins Innere des Körpers fließt.

Mit dem Punkt über einer physikalischen Größe wird wie in Gleichung (3. 1) die sekundliche Änderung der entsprechenden Größe verstanden. Die Symbole c und λ stehen für die spezifische Wärmekapazität und die Wärmeleitfähigkeit. Für den Dissipationsprozess schlägt ZIEGLER den folgenden Deformationsmechanismus vor: Durch Aufbringen einer Last $\vec{F}$ auf einen plastisch deformierbaren Körper werden die ursprünglichen Gleichgewichtslagen seiner Teilchen sukzessive geändert und durchlaufen während der Belastung nacheinander neue benachbarte, auf höherem energetischem Niveau gelegene Gleichgewichtslagen. Wenn sich die Belastung immer weiter erhöht, bis die Teilchen durch fortwährende Akkumulation eine solche Lage gefunden haben, die einem Sattelpunkt (Bild 9) im Potenzialfeld des Kristallgitters entspricht, dann fallen sie sofort in die nächstgelegene Gleichgewichtslage, die ein Minimum an potenzieller Energie besitzt. Die dabei freiwerdende Energie setzt sich in Schwingungsenergie der Teilchen, also in Wärme um.

Bild 9: Platzwechsel- und Dissipationsprozess nach ZIEGLER
T_1, T_2, T_3, T_4 .... benachbarte Täler im Potenzialfeld u
s .... Sattelpunkt zwischen T_1 und T_2
$\vec{F}$ .... wirkende äußere mechanische Kraft
a_s .... Weg des platzwechselnden Teilchens

Dieser Prozess ist irreversibel, denn es gibt keine Begründung für Rückdiffusion. Im weiteren zeigt ZIEGLER, dass dieser irreversible Prozess mit maximaler Entropieproduktion abläuft und äquivalent zu einem thermodynamischen Prozess ist, der die Orthogonalitätsbedingungen erfüllt, d. h. zu einem Prozess, bei dem die dissipativen Kräfte orthogonal zur Dissipationsfläche stehen. Darauf soll jedoch hier nicht weiter eingegangen werden. Betrachtet man den von ZIEGLER vorgeschlagenen Deformationsmechanismus näher, so ist festzustellen, dass er nur im zweiten Stadium die Realität richtig widerspiegelt, denn die platzwechselnden Teilchen schwingen auch schon während des ersten Stadiums, also schon in der Akkumulationsphase um ihre Gleichgewichtslagen und können schon vor Erreichen des Sattelpunktes durch thermische Fluktuation in die nächste Gleichgewichtslage mit minimaler potenzieller Energie fallen. Der tatsächliche Dissipationsprozess ist deshalb ein Platzwechselprozess mit Energieakkumulation, wie er schon 1954 von HOLZMÜLLER für alle inneren Reibungsprozesse vorgeschlagen wurde /Holz 54/.

In der Gleichung (2. 3)

$$W_p = \exp\left\{-\frac{U_0 - E_0}{k \cdot T}\right\} \qquad (2.\ 3)$$

entspricht U_O der Höhe des Sattelpunktes über dem Potenzialminimum und E_0 der momentan aufgespeicherten Energie, wenn man den speziellen Platzwechselmechanismus nach ZIEGLER betrachtet. Bei ZIEGLER kommt es jedoch erst dann zur Dissipation, wenn

$$U_O = E_0 \qquad (3.\ 3)$$

ist. Dieser Fall entspricht nach (2. 3) einer Platzwechselwahrscheinlichkeit von

$$W_p = 1 \quad . \qquad (3.\ 4)$$

ZIEGLER kennt somit nur zwei Möglichkeiten: entweder ist die Wahrscheinlichkeit dafür, dass es zur Dissipation, also einem irreversiblen Platzwechselprozess kommt, gleich null oder gleich eins. Aber tatsächlich wird ein solches unstetiges Dissipationsverhalten in der Natur nicht beobachtet, denn es kommt auch schon für den Fall

$$U_O > E_0 \qquad (3.\ 5)$$

mit der Wahrscheinlichkeit

$$W_D = \exp\left\{-\frac{U_0 - E_0}{k \cdot T}\right\} \qquad (3.\ 6)$$

zur Dissipation bei jedem Wärmestoß. Dabei versteht man unter der Dissipationswahrscheinlichkeit W_D die Wahrscheinlichkeit dafür, dass bei einem Wärmestoß die momentan aufgespeicherte Energie E_0 in Wärme umgewandelt wird.

Die Gleichheit von Platzwechsel- und Dissipationswahrscheinlichkeit infolge thermischer Fluktuation und Energieakkumulation ist mithin Ausdruck der engen Kopplung von Mechanik und Thermodynamik bei der plastischen Deformation.
Mit Hilfe der bei ZIEGLER, GLANSDORF und PRIGOGINE (/Ziegl 83/, /Glans 71/) wie folgt eingeführten Dissipationsfunktion

$$\Phi = T \cdot \dot{s}_i \tag{3. 7}$$

kann dieser Zusammenhang zwischen Dissipation und Platzwechsel mathematisch exakt beschrieben werden. Da nach der Definitionsgleichung (3. 7) die Dissipationsfunktion Φ das Produkt aus absoluter Temperatur T und sekundlicher Änderung $\dot{s}_i$ der Entropiedichte im Inneren des Körpers ist, muss stets

$$\Phi \geq 0 \tag{3. 8}$$

sein, weil nach dem 2. Hauptsatz der Thermodynamik für die Entropieproduktion $\dot{s}_i$ bei inneren irreversiblen Zustandsänderungen stets

$$\dot{s}_i \geq 0 \tag{3. 9}$$

ist, obwohl natürlich für die gesamte Entropieproduktion

$$\dot{s} = \dot{s}_i + \dot{s}_e \tag{3. 10}$$

auch das umgekehrte Relationszeichen gelten kann, weil der Entropieaustausch mit der Umgebung, der durch den Index e (für „exchange“) angedeutet ist, keinerlei Einschränkungen unterliegt. Andererseits gilt für die durch Platzwechsel in Wärme umgesetzte mechanische Arbeit ebenfalls

$$\sum_k \sum_l \sigma_{kl} \cdot v_{k,l} \geq 0 \quad , \tag{3. 11}$$

weil anderenfalls durch Rückdiffusion der plastisch deformierbare Körper mechanische Arbeit leistet würde, was jedoch bei Reibungs- und Verscheißvorgängen noch nie beobachtet wurde. Bei Gleichheit von Platzwechsel- und Dissipationswahrscheinlichkeit muss deshalb auch Gleichheit von plastischer Deformationsarbeit und Dissipationsfunktion bestehen:

$$\Phi = \sum_k \sum_l \sigma_{kl} \cdot v_{k,l} \quad . \tag{3. 12}$$

Durch diese wichtige Beziehung werden gewissermaßen von allen theoretisch denkbaren Platzwechselprozessen, die eine plastische Deformation verursachen, gerade diejenigen ausgewählt, die mit den Gesetzen der Thermodynamik verträglich sind.

3.2. Anwendung auf den Fall reiner plastischer Scherung

Für die Problematik des adhäsiven Verschleißes, der in dieser Arbeit vordergründig betrachtet wird, ist die plastische Deformation bei reiner Scherung von außerordentlich großer Bedeutung. Darauf wiesen insbesondere HABIG 1968, KAMPF 1980, BECKMANN 1980, SCHILLING 1981 und RICE 1982 hin (/Hab 68/, /Kampf 80/, /Beck 80/, /Schill 81/, /Rice 82/). BECKMANN betonte in seiner ersten Arbeit zur Scherungsenergiehypothese /Beck 80/ ausdrücklich, dass der Energieumsatz im Falle reiner plastischer Scherung am günstigsten ist. Damit sprach er schon 1980 die später von ZIEGLER 1983 /Ziegl 83/ aufgestellte These aus, dass die Dissipation bei reiner plastische Scherung am größten ist gegenüber allen anderen Deformationsmechanismen.

Die Dissipationsfunktion Φ für den Fall, dass die reine plastische Scherung das Ergebnis eines durch Energieakkumulation begünstigten Platzwechselprozesses ist, lässt sich gemäß Gleichung (3. 12) aus den Scherungsbedingungen

$$\sigma_{xz} = \sigma_{zx} = \tau_0 \quad ; \text{sonst } \sigma_{kl} = 0 \tag{3. 13}$$

$$v_{x,z} = \dot{\varepsilon}_p \quad ; \text{sonst } v_{k,l} = 0 \quad , \tag{3. 14}$$

wobei τ_0 die Scherspannung ist, berechnen:

$$\Phi = \sum_k \sum_l \sigma_{kl} \cdot v_{k,l} = \tau_0 \cdot \dot{\varepsilon}_p \quad . \tag{3. 15}$$

Mit der Grundgleichung (2. 8) erhält man das Resultat

$$\Phi = \tau_0 \cdot \frac{v_0}{3} \cdot \alpha \cdot \exp\left\{-\frac{T^*}{T}\right\} \quad . \tag{3. 16}$$

Entwickelt man den Exponentialterm $\exp\left\{-\frac{T^*}{T}\right\}$ an einer Stelle $T = T_c^*$, die so gewählt wird, dass man die Reihenentwicklung abbrechen kann, erhält man ein linearisiertes Modell für die reine plastische Scherung, welches in erster Näherung die tatsächlichen Verhältnisse richtig beschreibt.

Die Potenzreihe

$$e^{-\frac{T^*}{T}} = e^{-\frac{T^*}{Tc}} + \frac{T^*}{T_c^*} \cdot e^{-\frac{T^*}{Tc}} \cdot \frac{T - T_c^*}{T_c^*} + \frac{T^*}{T_c^*} \cdot e^{-\frac{T^*}{Tc}} \cdot \left(\frac{T^*}{2 \cdot T_c^*} - 1\right) \cdot \left(\frac{T - T_c^*}{T_c^*}\right)^2 + \ldots \tag{3. 17}$$

wird nach dem linearen Glied abgebrochen, was für Temperaturen in der Nähe von $T \approx T_c^*$ wegen

$$\left(T - T_c^*\right)^2 < \left(T_c^*\right)^2 \tag{3.18}$$

erlaubt ist. Für die Dissipationsfunktion

$$\Phi = \tau_0 \cdot \frac{\nu_0}{3} \cdot \alpha \cdot \exp\left\{-\frac{T^*}{T}\right\} \tag{3. 16}$$

erhält man unter Berücksichtigung von Gleichung (2. 6) für die Defektwahrscheinlichkeit α bei der Temperatur T_c^*,

$$\alpha = \exp\left\{-\text{æ}_D \cdot \frac{T_s}{T_c^*}\right\} \quad , \tag{3. 19}$$

in der betrachteten Umgebung die lineare Funktion

$$\Phi(T) = A + D \cdot T \quad , \tag{3. 20}$$

wobei die Kostanten A und D wie folgt zu berechnen sind:

$$A = \frac{\nu_0}{3} \cdot \alpha \cdot \tau_0 \cdot \frac{T_c^* - T^*}{T_c^*} \cdot \exp\left\{-\frac{T^*}{T_c^*}\right\} \tag{3. 21}$$

$$D = \frac{\nu_0}{3} \cdot \alpha \cdot \tau_0 \cdot \frac{T^*}{\left(T_c^*\right)^2} \cdot \exp\left\{-\frac{T^*}{T_c^*}\right\} \tag{3. 22}$$

mit α gemäß Gleichung (3. 19).

In dem besonderen Falle, bei dem die charakteristische Temperatur T^* mit der Entwicklungstemperatur T_c^* übereinstimmt, verschwindet das Absolutglied in der Linearform (3. 20) und die Konstante D entspricht aufgrund der Gleichung

$$\Phi = \dot{s}_i \cdot T \tag{3. 7}$$

aus Abschnitt 3. 1. der Entropieproduktion im Inneren des auf Scherung beanspruchten Grundkörpers:

$$D = \dot{s}_i \quad . \tag{3. 23}$$

Mithin handelt es sich in diesem interessanten Fall nicht nur um einen Dissipationsprozess mit maximaler Entropieproduktion, sondern sogar um einen Dissipationsprozess im Fließgleichgewicht, bei dem die Platzwechsel so erfolgen, dass im betrachteten Volumen in jeder Zeiteinheit die gleiche Entropie erzeugt wird.

Einzelheiten dieses Falles konnten, wie im Abschnitt 4. 5. 3. 4. nachgewiesen, bei Blei bestätigt werden. Offenbar spielen sich solche Fließgleichgewichtsprozesse immer dann ab, wenn die Umgebungstemperatur oberhalb der Rekristallisationstemperatur liegt. In der weiteren Darstellung wird mit den allgemeingültigen Beziehungen (3. 21) und (3. 22) für die Koeffizienten A und D gerechnet.

Der erste Hauptsatz der Thermodynamik (3. 1) in der Form

$$\Phi = \rho \cdot \dot{u} + \sum_k q_{k,k} \qquad (3.24)$$

kann mit dem Ergebnis (3. 20) wie folgt niedergeschrieben werden:

$$A + D \cdot T = \rho \cdot \dot{u} + \sum_k q_{k,k} \quad . \qquad (3.25)$$

Diese Differentialgleichung kann man noch vereinfachen, wenn man folgende Annahme macht:

a) Es gilt das Fourier'sche Wärmetheorem:

$$q_k = -\lambda \cdot T,_k \qquad (3.26)$$

mit konstantem Wärmeleitvermögen λ.

b) Die Dichte der inneren Energie u hängt nur von der Temperatur ab:

$$\dot{u} = \frac{\partial u}{\partial T} \cdot \dot{T} = c \cdot \dot{T} \qquad (3.27)$$

mit der spezifischen Wärmekapazität c bei konstantem Druck.

c) Der Temperaturgradient $T,_k$ ist orthogonal zum Geschwindigkeitsfeld v_k:

$$\sum_k T,_k \cdot v_k = 0 \quad . \qquad (3.28)$$

Mit diesen drei Annahmen erhält man aus (3. 25) die partielle Differentialgleichung

$$A + D \cdot T = \rho c \cdot \frac{\partial T}{\partial t} - \lambda \left(\frac{\partial^2 T}{\partial x^2} + \frac{\partial^2 T}{\partial y^2} + \frac{\partial^2 T}{\partial z^2} \right) \qquad (3.29)$$

für das Temperaturfeld T (x, y, z, t), welches sich während der betrachteten plastischen Deformation bei reiner Scherung einstellt. Es handelt sich bei der letzten Gleichung (3. 29) um die Wärmeleitungsgleichung mit temperaturabhängigem Quellterm. Alle thermodynamischen Ansätze zur Energieumsetzung in den Kontaktstellen der Verschleißpartner müssen in irgendeiner Weise die Fourier'sche Differentialgleichung mit Einbeziehung von Quelltermen beachten. Die Platzwechseltheorie liefert einen allgemeinen Ausdruck (3. 16) und nach Linearisierung eine Linearform (3. 20) für den rein dissipativen Quellterm. Spezielle Lösungen der partiellen Differentialgleichung (3. 29) können deshalb als Grundlage einer Verschleißmodellierung für den gravierenden Verschleiß, der infolge Adhäsion und reiner plastischer Scherung auftritt, angesehen werden. Daraus leitet sich auch die Berechtigung ab, das vorliegende mathematische Modell auf die Problematik des adhäsiven Verschleißes anzuwenden. Doch vorher sollen noch einige wichtige charakteristische Strukturparameter ermittelt werden.

3.3. Wichtige Strukturcharakteristika

3.3.1. Atomdurchmesser a_0 und Platzwechselabstand 2a in einem Lennard-Jones-Potenzial

Nach dem Vorgehen von REYNOLDS in der Hydrodynamik hat man bei der Ermittlung der ein System beschreibenden charakteristischen Größen mit Erfolg Ähnlichkeitsprinzipien und Dimensionsvergleiche angewendet (/Schlicht 58/, /Albr 70/, /Hacke 72/).

So hat zum Beispiel HARTREE /Macke 65/ durch Ähnlichkeitsbetrachtungen bei der Beschreibung von physikalischen Vorgängen im atomaren Bereich eine charakteristische Größe für den Atomdurchmesser gewonnen:

$$a_0 = \frac{2}{\pi} \cdot \frac{h^2}{e} \cdot \frac{\varepsilon_0}{m_a} \quad . \tag{3. 30}$$

Darin bedeuten

$$h = 6{,}625 \cdot 10^{-34}\ Ws^2 \tag{3. 31}$$

das Planck´sche Wirkungsquantum,

$$e = 1{,}602 \cdot 10^{-19}\ As \tag{3. 32}$$

das elektrische Elementarquantum,

$$\varepsilon_0 = 8{,}85 \cdot 10^{-12}\ \frac{A \cdot s}{V \cdot m} \tag{3. 33}$$

die Influenzkonstante und m_a die Masse des betrachteten Atoms. Die Größenordnung von a_0 liegt im Angströmbereich und beschreibt näherungsweise die tatsächlichen Atomdurchmesser. Um eine rechnerische Beziehung für den Platzwechselabstand 2a zu gewinnen, ist nach dem Vorschlag von HOLZMÜLLER ein anderer Weg zu gehen. Aufgelockerte Strukturen, die für Platzwechselvorgänge vorrangig von Bedeutung sind, werden in vielen Fällen realitätsgetreu durch das Lennard-Jones-Modell beschrieben. In diesem Modell wird die Periodizität eines idealen Kristalls durch Fehlstellen unterbrochen, in deren Nähe ein Lennard-Jones-Potenzial

$$U = \Delta U \cdot \left[\left(\frac{a}{r}\right)^m - 2\left(\frac{a}{r}\right)^n + \left(\frac{a}{4a-r}\right)^m - 2\left(\frac{a}{4a-r}\right)^n \right] \tag{3. 34}$$

bestimmend wird /Holz 78/.

Δ U charakterisiert darin die Höhe eines Sattelpunktes S über den Potenzialminima innerhalb des Potenzialfeldes U, das eine Funktion des Ortes r und spiegelsymmetrisch zu den Sattelpunkten ist; m und n sind ganzzahlige Exponenten und groß gegen eins. Das Bild 10 veranschaulicht die Situation für den Fall eines platzwechselnden Teilchens B, B′ zwischen zwei im Abstand 4 · a voneinander entfernten Teilchen A und C.

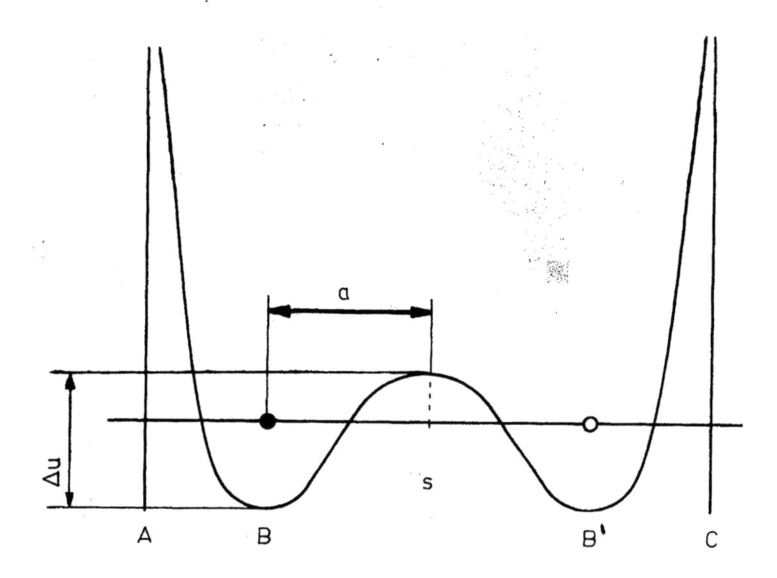

Bild 10: Energiehyperebene eines Lennard-Jones-Potenzials

Zur Berechnung der zwischenatomaren Kräfte F wendet man die bekannte Gleichung $F = -\frac{\partial u}{\partial r}$ auf (3. 34) an:

$$F = -\Delta U\left[-\frac{m}{a}\left(\frac{a}{r}\right)^{m+1} + \frac{2n}{a}\left(\frac{a}{r}\right)^{n+1} + \frac{m}{a}\left(\frac{a}{4a-r}\right)^{m+1} - \frac{2n}{a}\left(\frac{a}{4a-r}\right)^{n+1}\right]. \qquad (3.\ 35)$$

Für die Kraft im Abstand a folgt

$$F(a) = -\left.\frac{\partial U}{\partial r}\right|_{r=a} \approx \Delta U \cdot \left(\frac{m}{a} - \frac{2n}{a}\right) \ . \qquad (3.\ 36)$$

Dabei wurden die Potenzwerte von 1/3 vernachlässigt, da n und m nach Gleichung (3. 34) zur Charakterisierung der Nahwirkungskräfte groß gegen eins sind /Born 54/.

Da der charakteristische Abstand a einem neuen Gleichgewichtszustand entspricht, ergibt sich aus

$$F\ (a) = 0 \qquad (3.\ 37)$$

und Gleichung (3. 36) die Beziehung

$$m = 2 \cdot n \tag{3. 38}$$

zwischen den Exponenten für die abstoßenden und anziehenden Kräfte. In der Festkörperphysik findet man oft m = 12 und n = 6 /Kreh 73/.

Die Taylorreihe für U an der Stelle r = a besitzt kein lineares Glied. Um das quadratische Glied zu finden, benötigt man

$$\frac{\partial^2 U}{\partial r^2} = \Delta U \cdot \left[\frac{m(m+1)}{a^2} \cdot \left(\frac{a}{r}\right)^{m+2} - \frac{m\left(\frac{m}{2}+1\right)}{a^2} \cdot \left(\frac{a}{r}\right)^{\frac{m}{2}+2} + \frac{m(m+1)}{a^2} \cdot \left(\frac{a}{4a-r}\right)^{m+2} - \frac{m\left(\frac{m}{2}+1\right)}{a^2} \cdot \left(\frac{a}{4a-r}\right)^{\frac{m}{2}+2} \right] \tag{3.39}$$

an der Stelle r = a, also

$$\left.\frac{\partial^2 U}{\partial r^2}\right|_{r=a} \approx \frac{1}{2}\left(\frac{m}{a}\right)^2 \cdot \Delta U \quad . \tag{3. 40}$$

Die Taylorentwicklung für das Lennard-Jones-Potential an der Stelle r = a nimmt deshalb die folgende Form an:

$$U \approx U\big|_{r=a} + \frac{1}{2} \cdot \left.\frac{\partial^2 U}{\partial r^2}\right|_{r=a} \cdot (\Delta r)^2 = -\Delta U + \left(\frac{m}{2}\right)^2 \cdot \Delta U \cdot \left(\frac{\Delta r}{a}\right)^2 \quad . \tag{3. 41}$$

Für die Kraft in der Umgebung von r = a erhält man das lineare Hooke´sche Gesetz

$$F = -\frac{\partial U}{\partial \Delta r} = -\frac{1}{2} \cdot \left(\frac{m}{a}\right)^2 \cdot \Delta U \cdot \Delta r \quad . \tag{3. 42}$$

Da andererseits das Gesetz von HOOKE in der Form

$$\frac{|F|}{a^2} = E \cdot \frac{\Delta r}{a} \tag{3. 43}$$

mit dem Elastizitätsmodul E gilt, folgt durch Vergleich mit (3. 42) für den charakteristischen Platzwechselabstand 2a über den Sattelpunkt S:

$$2a = 2 \cdot \sqrt[3]{\frac{m^2 \cdot \Delta U}{2 \cdot E}} \quad . \tag{3. 44}$$

Experimentell bestimmbar ist nur E, so dass man durch weitere Gesetzmäßigkeiten $m^2 \cdot \Delta U$ ermitteln muss.

Führt man einem Körper Wärme zu, so dehnt er sich i. a. aus. Für die dabei verrichtete mechanische Arbeit erhält man bei Beachtung von Gleichung (3. 41)

$$\left| \int_a^{a+\Delta r} F(r) \cdot dr \right| = U(a+\Delta r) - U(a) = \left(\frac{m}{2}\right)^2 \cdot \Delta U \cdot \left(\frac{\Delta r}{a}\right)^2 \quad . \tag{3. 45}$$

Die dazu notwendige Wärmeenergie ist das halbe Produkt aus Boltzmann-Konstante k und absoluter Temperatur T.

Aus der Bilanzgleichung

$$\frac{1}{2} k \cdot T = \left(\frac{m}{2}\right)^2 \cdot \Delta U \cdot \left(\frac{\Delta r}{a}\right)^2 \tag{3. 46}$$

erhält man nach Temperaturvariation δT die Gleichung

$$k \delta T \cdot a^2 = m^2 \cdot \Delta U \cdot \Delta r \cdot \delta(\Delta r) \quad . \tag{3. 47}$$

Verwendet man an dieser Stelle das Gesetz der linearen Wärmeausdehnung

$$\delta(\Delta r) = a \cdot \beta \cdot \delta T \tag{3. 48}$$

mit β als linearem Wärmeausdehnungskoeffizienten, so erhält man zunächst

$$m^2 \cdot \Delta U = \frac{k \cdot a}{\beta \cdot \Delta r} \tag{3. 49}$$

und mit Berücksichtigung von Gleichung (3. 46) das Resultat

$$m^2 \cdot \Delta U = \frac{k}{2\beta^2 \cdot T} \quad . \tag{3. 50}$$

Da die Werte von β bei Zimmertemperatur T_U aus Tabellen verfügbar sind, kann auch der Platzwechselabstand 2a nach (3. 44) mit (3. 50) berechnet werden:

$$2a = 2 \cdot \sqrt[3]{\frac{k}{4 \cdot E\beta^2 \cdot T_U}} \quad . \tag{3. 51}$$

Vergleicht man die zahlenmäßigen Werte von a mit der Größe für den Atomdurchmesser a_0 nach HARTREE, so findet man, dass a etwa 6...10 mal größer als a_0 ist. Das heißt, dass die Atome in einem Lennard-Jones-Potenzial bei ihren Platzwechseln ein Vielfaches ihrer eigenen Größe überspringen können. Das setzt natürlich eine entsprechend aufgelockerte Struktur voraus, wie sie auch tatsächlich in der Nähe von Metalloberflächen bei Gleitreibung beobachtet wurde (/Kampf 80/, /Schill 81/).

3.3.2. Charakteristische Temperatur T^* und Frequenz ν_0 eines realen Festkörpers

Die in der Grundgleichung (2.8) enthaltene Temperatur T* konnte im atomaren Platzwechselmodell (vgl. Abschnitt 2.2.) und auch im Versetzungsplatzwechselmodell (Abschnitt 2.3.) qualitativ bestimmt werden. Gleichung (2.17) erlaubt, aus der charakteristischen Temperatur T* die Eigenfrequenz ν_0 des realen Festkörpers zu bestimmen:

$$\nu_0 = \frac{k}{h} \cdot T^* \quad . \tag{3. 52}$$

Mithin bleibt nur das Problem, für T* quantitativ aus Werkstoffkenngrößen eine Beziehung aufzustellen. Dazu bieten sich mehrere Möglichkeiten an. Die erste entspricht dem Vorgehen von DEBYE, nämlich der Annahme, dass das Frequenzspektrum im Festkörper nach oben hin nicht unendlich wird, sondern abgebrochen ist bei der Grenzfrequenz

$$\nu_0 = \frac{c_s}{2 \cdot a_0} \quad . \tag{3. 53}$$

Darin bedeuten c_s die mittlere Schallgeschwindigkeit und $2a_0$ der doppelte Abstand benachbarter Atome, was im Falle dichter Kugelpackung der Atome dem doppelten Atomdurchmesser nach HARTREE entspricht.
Die DEBYE-Temperatur ergibt sich daraus zu

$$T_D = \frac{h}{k} \cdot \frac{c_s}{2a_0} \quad . \tag{3. 54}$$

Setzt man

$$T^* = T_D, \tag{3. 55}$$

so kann aus experimentellen Messungen der Schallgeschwindigkeit c_s und Annahmen über den Atomabstand a_0 die charakteristische Temperatur T* bestimmt werden. Wie in Abschnitt 3. 3. 1. ausgeführt, muss der Abstand a_0 jedoch nicht mit dem Platzwechselabstand a übereinstimmen. Deshalb werden zwei andere Möglichkeiten für die Bestimmung von T* betrachtet. Im Versetzungsplatzwechselmodell wurde die Beziehung

$$T^* = \frac{\Delta F - \Delta W}{k} \tag{2. 28}$$

aufgestellt. Setzt man darin für die freie Energie ΔF die Höhe der Sattelpunkte über den Potenzialminima ΔU nach dem Lennard-Jones-Modell und für die aufgebrachte mechanische Arbeit ΔW das halbe Produkt aus wirkender Scherspannung τ_0 und Fließvolumen a^3, so scheint die folgende Relation sinnvoll für T* zu sein:

$$T^* = \frac{\Delta U - \frac{1}{2} \cdot \tau_0 \cdot a^3}{k} \quad . \tag{3. 56}$$

Der Faktor ½ im Term für die von der Scherspannung τ_0 geleistete Akkumulationsarbeit ergibt sich deshalb, weil im Mittel nur Arbeit zum Heben auf den Sattelpunkt S gebraucht wird. Diese elastische Arbeit ergibt sich durch Integration von null bis a, wobei bei Annahme des linearen Hooke´schen Gesetzes der Faktor ½ entsteht. Benutzt man die Resultate des vorhergehenden Abschnittes:

$$m^2 \cdot \Delta U = \frac{k}{2\beta^2 \cdot T} \tag{3. 50}$$

und

$$a = \sqrt[3]{\frac{k}{4 \cdot E\beta^2 \cdot T_U}} \quad , \tag{3. 51}$$

so ergibt sich aus (3. 56) für T*:

$$T^* = \frac{\frac{4}{m^2} - \frac{\tau_0}{E}}{8\beta^2 T_U} \quad . \tag{3. 57}$$

Die Schwierigkeit in dieser Formel besteht darin, einen genügend großen Wert für den Exponenten m der Abstoßungskräfte im Lennard-Jones-Potenzial zu finden. Für die Scherspannung τ_0 ist die Merchant´sche Spannung zu verwenden (vgl. Abschnitt 3. 3. 3.).

Es sei deshalb noch auf eine dritte Möglichkeit hingewiesen, einen rechnerischen Ausdruck für die charakteristische Temperatur T* zu gewinnen. Aus dimensionsanalytischer Sicht hat das Produkt aus Kompressionsmodul æ, linearem Wärmeausdehnungskoeffizienten und Schmelztemperatur T_S die Größe eines Druckes. Dieser thermische Druck p_{th} kann eine reale Wirkung zeigen, zum Beispiel die Aufrechterhaltung der Gitterdeformation während der Dissipationsphase von Platzwechselprozessen. Die vom thermischen Druck p_{th} geleistete Arbeit, um eine Gitterverzerrung Δr_G von

$$\Delta r_G = \beta aT \tag{3. 58}$$

zu bewirken, beträgt

$$W_{th} = p_{th} \cdot a^2 \cdot \Delta r_G \quad . \tag{3. 59}$$

Setzt man die Größe

$$p_{th} = æ\,\beta\,T_S \tag{3. 60}$$

für den thermischen Druck p_{th} nach HUTCHINGS und WINTER (/Hutch 75/, /Hutch 76/) in Gleichung (3. 59) unter Verwendung von (3. 58) ein, so erhält man

$$W_{th} = æ\,\beta^2\,T_S T \cdot a^3 \quad . \tag{3. 61}$$

Mit dem Platzwechselvolumen

$$a^3 = \frac{k}{4 \cdot E\beta^2 \cdot T} \tag{3. 51}$$

und der Beziehung

$$\frac{æ}{\mathrm{E}} = \frac{1}{3(1-2\mu)} \tag{3. 62}$$

zwischen Kompressions- und Elastizitätsmodul, wobei μ die Poissonzahl ist, erhält man

$$W_{th} = k \cdot \frac{T_S}{12(1-2\mu)} \tag{3. 63}$$

bzw.

$$W_{th} = k \cdot T_{th} \quad , \tag{3. 64}$$

wobei eine neue Temperatur

$$T_{th} = \frac{T_S}{12(1-2\mu)} \tag{3. 65}$$

auftritt. Diese nur von der Schmelztemperatur T_S und der Poissonzahl μ abhängige Temperatur charakterisiert offenbar den Übergang von der festen zur flüssigen Phase recht gut.

Für

$$\mu = \frac{11}{24} = 0{,}458$$

stimmen Schmelztemperatur T_S und charakteristische Temperatur T_{th} überein; der Körper verhält sich quasiflüssig. Unter allen Metallen kommt Blei mit einer Poissonzahl von

$$\mu = 0{,}44$$

dem quasiflüssigen Zustand am nächsten.

Für die meisten Eisenmetalle liegt die Poissonzahl bei

$$\mu = 0{,}3 \qquad ,$$

so dass die charakteristische Temperatur T_{th} bei

$$T_{th} = \frac{T_S}{4{,}8} \approx 0{,}21 \cdot T_S$$

liegt. Für viele Metalle liegen diese Werte in der Nähe der Debye-Temperatur (3. 54). Es wird daraus die Berechtigung abgeleitet, auch mit dem Ansatz $T^* = T_{th}$ zu rechnen:

$$T^* = \frac{T_S}{12 \cdot (1 - 2\mu)} \qquad . \tag{3. 66}$$

3.3.3. Die Scherspannung τ_0

ERNST und MERCHANT /Ernst 40/ untersuchen in ihrer Arbeit eine Zustandsänderung, die einen Schmelzvorgang infolge Scherung beschreibt und nicht zu verwechseln ist mit der bekannten Erscheinung des Druckschmelzens, wie sie zum Beispiel bei der Regelation von Eis beobachtet wird /Reck 58/. Das kommt darin zum Ausdruck, dass die Scherspannung τ in der flüssigen Phase keine Wirkung erzielt

$$\left.\frac{\partial \sigma_{fl}}{\partial \tau}\right|_{T=const} = 0 \quad . \tag{3. 67}$$

σ_{fl} bedeutet in dieser Gleichung die freie Enthalpie der flüssigen Phase. Im Gleichgewicht von flüssiger und fester Phase muss

$$d\,\sigma_{fl} = d\,\sigma_f \tag{3. 68}$$

gelten, d. h. die Änderung der freien Enthalpie der flüssigen Phase ist gleich der Änderung der freien Enthalpie σ_f der festen Phase.

Bei Beachtung von (3. 67) folgt aus (3. 68)

$$\left.\frac{\partial \sigma_{fl}}{\partial T}\right|_{\tau=const} \cdot dT = \left.\frac{\partial \sigma_f}{\partial T}\right|_{\tau=const} \cdot dT + \left.\frac{\partial \sigma_f}{\partial \tau}\right|_{T=const} \cdot d\tau \tag{3. 69}$$

und mit Berücksichtigung des Zusammenhanges

$$\left.\frac{\partial \sigma}{\partial T}\right|_{\tau=const} = -S \tag{3. 70}$$

zwischen freier Enthalpie σ und Entropie S /Somm 65/

$$\left.\frac{\partial \sigma_f}{\partial \tau}\right|_{T=const} \cdot d\tau = (S_f - S_{fl}) \cdot dT \quad . \tag{3. 71}$$

Die Differenz der Entropien von flüssiger und fester Phase ist mit der Schmelzenthalpie ΔH_S verbunden:

$$\Delta H_S = T \cdot (S_{fl} - S_f) \quad . \tag{3. 72}$$

ERNST und MERCHANT machen für diese Enthalpieänderung das Aufschmelzen durch die Scherspannung τ verantwortlich. Da die Scherspannung nur in eine Raumrichtung wirkt, setzen sie im Gegensatz zum bekannten Schmelzen unter Druck für die Enthalpieänderung nur ein Drittel der spezifischen Schmelzwärme L

$$\Delta H = \frac{1}{3} \cdot L \quad . \tag{3. 73}$$

Von HOLZMÜLLER wurde vorgeschlagen, anstelle der spezifischen Schmelzwärme L die spezifische Verdampfungswärme V_D zu verwenden /Holz 87/.

Mit der Beziehung

$$\left.\frac{\partial \sigma_f}{\partial \tau}\right|_{T=const} = V_f = \frac{1}{\rho} \tag{3. 74}$$

zwischen Enthalpie σ_f und spezifischem Volumen V_f bzw. Dichte ρ der festen Phase geht die Gleichung (3. 71) dann über in

$$d\tau = -\frac{L\rho}{3} \cdot \frac{dT}{T} \quad . \tag{3. 75}$$

Integration von $\tau = \tau_0$ bei $T = T_O$ bis $\tau = 0$ bei $T = T_S$

$$\int_{\tau_0}^{0} d\tau = -\frac{L\rho}{3} \int_{T_0}^{T_S} \frac{dT}{T} \tag{3. 76}$$

liefert das Resultat

$$\tau_0 = -\frac{L\rho}{3} \cdot \ln \frac{T_S}{T_0} \tag{3. 77}$$

bzw.

$$\tau_0 = -\frac{V_0\rho}{3} \cdot \ln \frac{T_S}{T_0} \quad , \tag{3. 78}$$

wenn man nach HOLZMÜLLER die spezifische Schmelzwärme durch die spezifische Verdampfungswärme ersetzt. Mit den Ergebnissen dieses Abschnittes wird es möglich sein, „den Stier bei den Hörnern zu packen“ (eine Redenweise von SOMMERFELD) und den adhäsiven Verschleiß auf Grundlage der bisher entwickelten Vorstellungen zu modellieren.

4. Anwendung der Platzwechseltheorie auf spezielle Verschleißprobleme

4.1. Besonderheiten beim Abtragverschleiß metallischer Grundkörper

Es soll bei der Anwendung der Platzwechseltheorie eine Einschränkung auf den Abtragverschleiß in gravierender Form erfolgen, d. h. auf Verschleiß infolge Adhäsion und plastischer Deformation des Grundkörpers. Zu dieser Problematik liegen zahlreiche experimentelle Untersuchungen vor (/Krag 71/, /Arch 56/, /Arch 58/, /Sin 79/, /Dau 77/, /Barw 79/, /McF 50/, /Kay 78/, /Czi 69/, /Czi 72/, /Raz 73/, /Horn 82/).
Die plastische Deformation findet auf einem eng begrenzten Gebiet dicht unterhalb der Oberfläche statt, wobei wegen Fehlens jeglichen Schmierfilms zwischen den kontaktierenden Körpern direkte Berührung ohne Vermittlung durch Zwischenschichten besteht. Diese Besonderheit lenkt die Aufmerksamkeit auf die Spezifik im Aufbau technischer Metalloberflächen, die nicht ohne Einfluss auf den Verschleiß ist. Nach Bild 11 besteht die metallische Oberfläche aus mehreren Einzelschichten. In der etwa 3...5 Å dicken Adsorptionsschicht werden wenige Moleküllagen absorbierter Gas- und Fremdstoffmoleküle angelagert. In vielen Fällen handelt es sich auch um eine Reaktionsschicht, die durch Abriebteilchen, dem sog. Initialabrieb, gebildet wird /Baist 69/. Die sich anschließende Oxidschicht bildet sich bei Raumtemperatur und hängt von der Oxidationsbeständigkeit des Werkstoffs und den Umgebungsbedingungen ab. Ihre Dicke erreicht die Größe der Unebenheiten. Darunter befindet sich die sog. Beilby-Schicht, die durch das örtliche Aufschmelzen und plötzliche Erstarren der Oberfläche infolge Wärmeableitung in die Tiefe entsteht. In dieser etwa 0,1 µm dicken Schicht kommt es nicht zur Ausbildung eines periodischen Gittergefüges, sie ist amorph und deshalb weniger stabil als der Grundwerkstoff. Es ist damit zu rechnen, dass es in dieser Schicht relativ leicht zu atomaren Platzwechselvorgängen kommt, welche in der darunter befindlichen stark deformierten Störschicht gekoppelte Platzwechselvorgänge hervorrufen. In dieser weinige Mikrometer dicken, extrem stark beanspruchten Schicht entstehen während der Deformation hohe Temperaturen mit großen Gradienten, die durch die Fourier´sche Differentialgleichung (3. 29) beschrieben werden können.

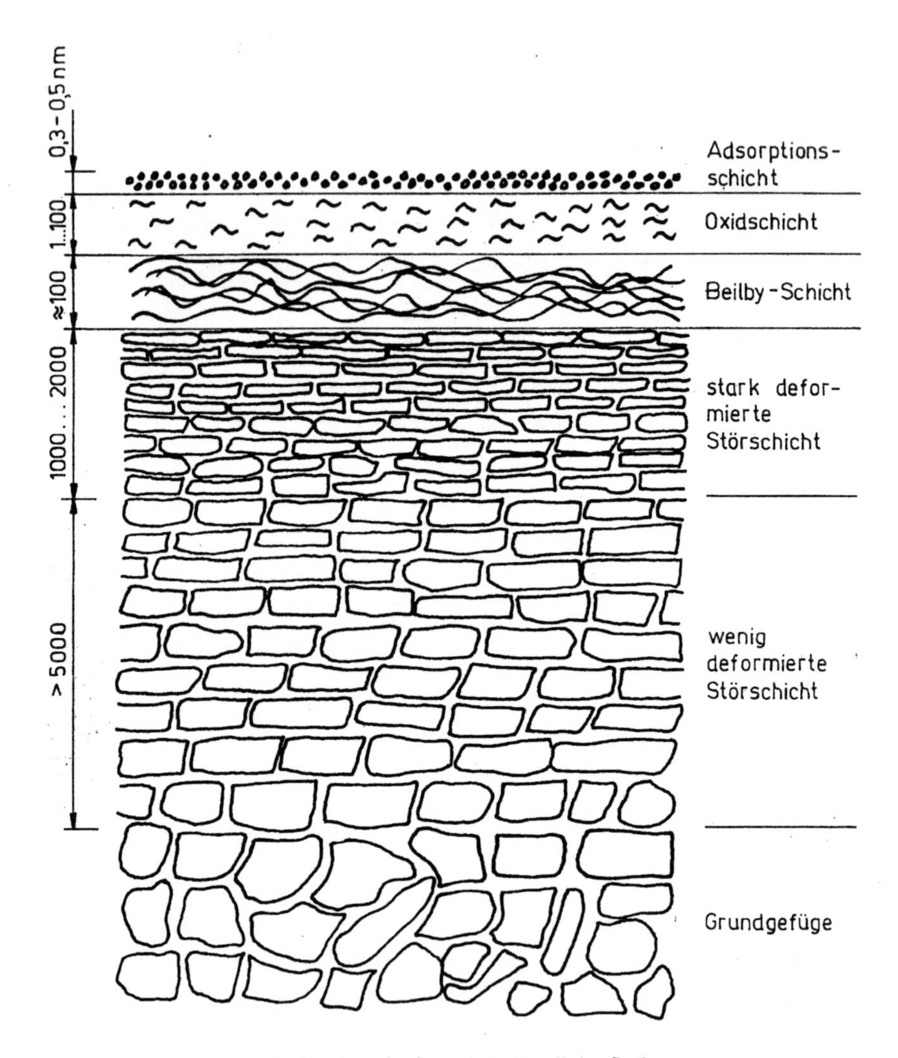

Bild 11: Schematischer Grundaufbau einer Metalloberfläche

In der sich anschließenden, weniger stark deformierten Störschicht klingen die Deformationen wieder ab, bis im Grundgefüge praktisch kaum noch etwas von den gravierenden Beanspruchungen und plastischen Deformationen der obersten Schicht bemerkt werden kann. Der Wert der zugrundelegten Gleichungen für die Anwendung der Platzwechseltheorie auf

die Verschleißprognose wird sich deshalb vorrangig für die oberhalb des fast ungestörten Grundgefüges, im Mikrometerbereich liegenden, extrem stark beanspruchten Deformationsschichten erweisen müssen.
In Ausnahmefällen können diese Schichten eine Dicke von 100 bis 200 µm erreichen. Da die Gesetze der klassischen Thermodynamik uneingeschränkt im vorliegenden Modell gültig sind, muss man, streng genommen, die obersten, wenige Nanometer dicken Atomlagen von der Behandlung nach der vorliegenden Platzwechseltheorie ausschließen, insbesondere wenn die Temperaturen die Schmelztemperatur übersteigen. In diesen submikroskopischen Gebieten laufen Platzwechselvorgänge ab, die nicht mehr den Gesetzen der klassischen Thermodynamik genügen, sondern nur noch den quantenmechanischen Gesetzen gehorchen. Platzwechselvorgänge in diesem submikroskopischen Magma lassen sich zwar qualitativ mit den Grundgleichungen (2. 3), (2. 5) und (2. 8) beschreiben, erlauben jedoch z. Z. noch keine quantitativen Aussagen, da der Temperaturbegriff in diesem „Magma-Plasma“ sehr stark von dem in der klassischen Thermodynamik abweicht und keinen unmittelbaren Sinn hat.
Ein qualitatives Verformungsmodell für die physikalisch-chemischen Vorgänge in diesem submikroskopischen Magma zur Deutung tribomechanischer Vorgänge wurde schon 1965 von THIESSEN vorgeschlagen /Thie 65/. In seinem Magma-Plasma-Modell wurde angenommen, dass infolge außerordentlich hoher Beanspruchungen auf der Kontaktfläche die Energiedichte so groß ist, dass momentan örtliche Plasmazustände auftreten können. Die Energieumsetzungen während der Platzwechselvorgänge im Plasma erfolgen in submikroskopischen Räumen innerhalb extrem kurzer Zeiten /Thie 66/. Dieses Modell (Bild 12) ist ein erster Versuch, die Gesamterscheinungen des Reibungs- und Verschleißvorganges unter einem einheitlichen Gesichtspunkt mit einem Minimum an Widersprüchen zusammenzufassen /Hein 66/.

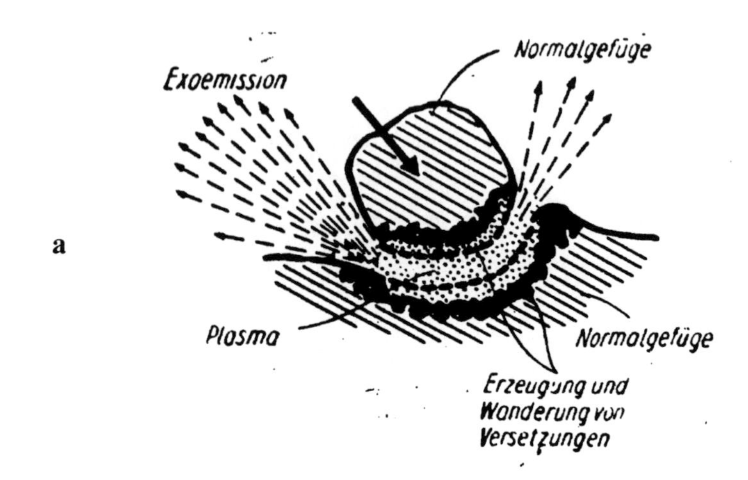

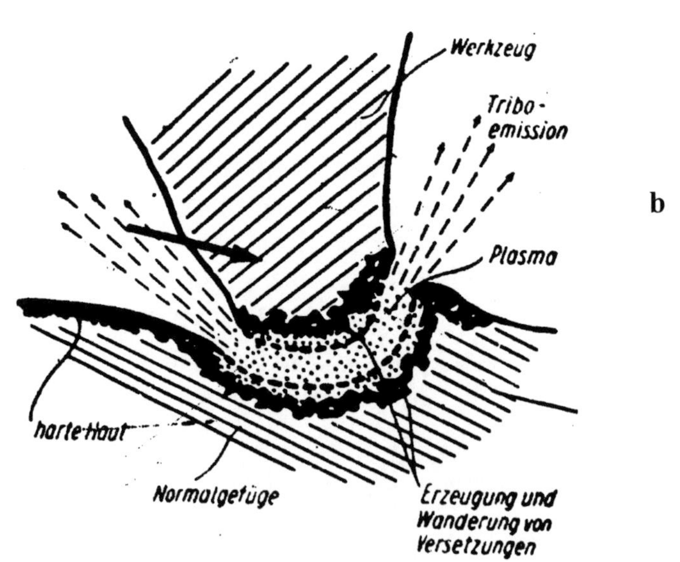

Bild 12: Magma-Plasma-Verformungsmodell nach Thiessen
a Stoßbremsung eines fliegenden Kornes
b Verformungszone an der Stirn einer Ritzfurche mit Rückbildung und Einfrieren des Gefüges

Um jedoch quantitative Aussagen über das Verschleißverhalten fester Körper zu machen und einen Übergang zum Magma-Plasma-Modell zu schaffen, wird die Platzwechseltheorie nur solange mit der Thermodynamik gekoppelt, solange die Schmelztemperatur nicht überschritten wird. Praktisch bedeutet das, dass bei Erreichen der Schmelztemperatur der Kraftschluss zwischen Grund- und Gegenkörper unterbrochen und mit dem Einsetzen eines zur hydrodynamischen Schmierung ähnlichen Prozesses die intensive Wärmeproduktion nach dem Platzwechselmechanismus aufhört. Nachfolgende Abkühlung führt zu erneutem Kraftschluss und Einsetzen von Platzwechselvorgängen nach dem vorgeschlagenen Modell. Wie unter Berücksichtigung dieser Bedingungen quantitative Größen zur Verschleißprognose von Metallen gewonnen werden können, soll das Hauptziel der folgenden, die experimentelle Erfahrung zu Grunde legenden Modellbildung sein.

4.2. Verschleißmodell nach der Platzwechseltheorie

In diesem Modell betrachtet man einen deformierbaren Halbraum, der auf seiner Oberfläche durchgängig von einem gleitenden Gegenkörper kontaktiert wird. Dieser Gegenkörper wird als starr und verschleißfest angenommen, so dass nur der Grundkörper plastisch deformiert und auf Verschleiß beansprucht wird (Bild 13).

Infolge äußerer Reibung und elastischer Deformation kommt es im Grundkörper zur Energieakkumulation und Temperaturerhöhung. Erreicht die Energieakkumulation E_0 bei der Temperatur T_O eine gewisse kritische Höhe, so erfolgt der Übergang von der äußeren zur inneren Reibung. Ganze Volumenbereiche an der Oberfläche des betrachteten Halbraumes werden scherend beansprucht, Platzwechselvorgänge nach den Grundgleichungen (2.3), (2.5) und (2.8) mit

$$E_0 = k \cdot T_O \qquad (4.\ 1)$$

werden ausgelöst, und die eingebrachte mechanische Energie dissipiert zum großen Teil. Die Dissipationsfunktion (3.7) reguliert die Umwandlung von mechanischer Energie in Wärme.

Offenbar handelt es sich bei dem Übergang von der äußeren zur inneren Reibung um die Bildung einer neuen dissipativen Struktur, die im Sinne der Vorstellungen von GLANSDORFF und PRIGOGINE /Glanz 71/ über Nichtgleichgewichtszustände nach Überschreiten von Schwellwerten interpretiert werden kann. Der Schwellwert für die Temperatur T_O bzw. für die akkumulierte Energie E_0 entspricht offenbar diesen Vorstellungen.

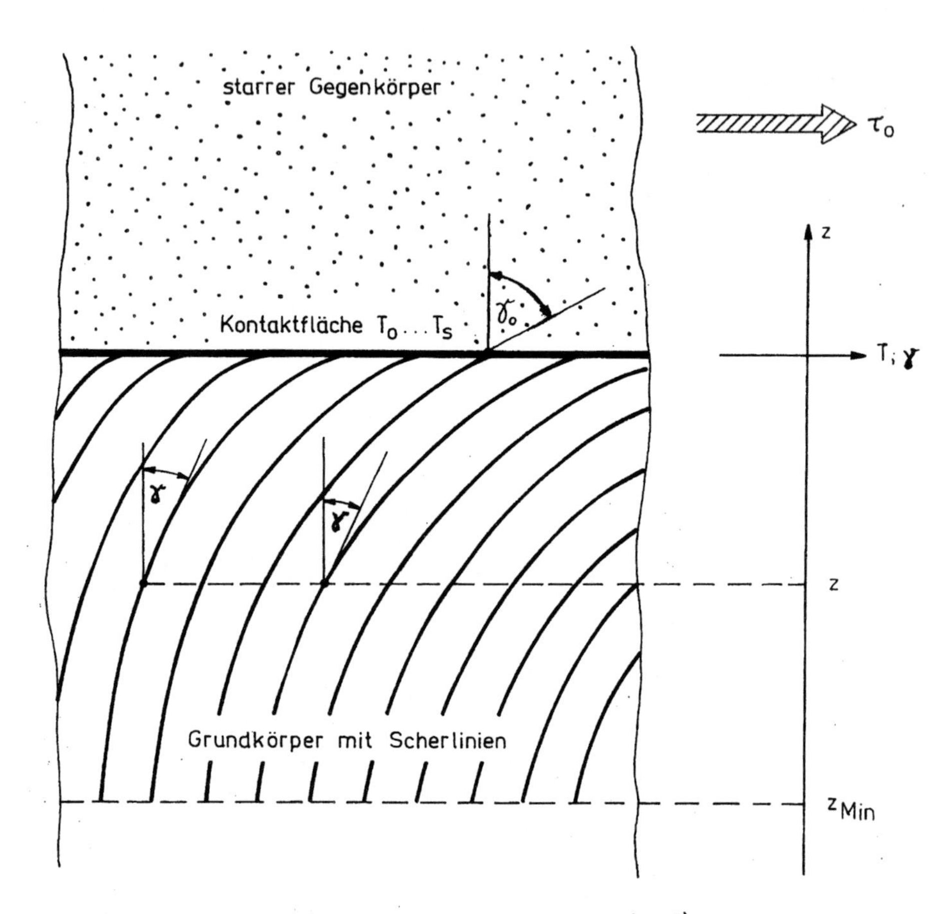

Bild 13: Verschleißmodell

Mit dem erreichen der Schmelztemperatur T_S an der Oberfläche wird der Kontakt zwischen Grund- und Gegenkörper unterbrochen. Er wird neu aufgebaut, nachdem über das Stadium der äußeren Reibung wiederum der Schwellwert T_O erreicht ist.

Es stellt sich in der Oberfläche eine mittlere Temperatur T_C^* zwischen T_O und T_S ein:

$$T_C^* = \frac{1}{2}(T_O + T_S) \quad , \tag{4. 2}$$

und die Energiebarrieren U_O sind durch das Schmelzenergieniveau

$$U_O = k \cdot T_S \tag{4. 3}$$

gekennzeichnet.

Das nur von einer Raumkoordinate und der Zeit abhängige Temperaturfeld

$$T = T(z,T)\ ;\ z \leq 0 \tag{4. 4}$$

ergibt sich aus Gleichung (3. 29) zu

$$T(z,t) = \left(T_0 + A \cdot D^{-1}\right) \cdot \exp\left\{\delta z + (D + \lambda\delta^2) \cdot t / \rho c\right\} - A \cdot D^{-1} \quad . \tag{4. 5}$$

Das Verhältnis der Platzwechselkonstanten A und D ergibt sich aus den Gleichungen (3. 21) und (3. 22) zu

$$\frac{A}{D} = \frac{T_c^* - T^*}{T^*} \cdot T_c^* \quad . \tag{4. 6}$$

Unter der Annahme eines exponenziellen Abfalles der Temperatur in der Oberfläche zu Beginn des Prozesses:

$$T(z,0) = \left(T_O + \frac{A}{D}\right) \cdot e^{\delta \cdot z} - \frac{A}{D} \tag{4. 7}$$

und der Randbedingung

$$T(0,t) = \left(T_O + \frac{A}{D}\right) \cdot \exp\left\{\frac{D + \lambda\delta^2}{\rho c} \cdot t\right\} - \frac{A}{D} \tag{4. 8}$$

erhält man die spezielle Lösung (4. 5) der Fourier´schen Differentialgleichung (3. 29).

Der Schwellwert T_O entspricht dabei der Anfangsoberflächentemperatur, bei der der Übergang von der äußeren zur inneren Reibung erfolgt, und der Parameter δ bedeutet das logarithmische Dekrement, welches den Abfall der Temperatur an der Oberfläche bestimmt.

Die Dissipationsfunktion

$$\Phi(T) = A + D \cdot T \tag{3. 20}$$

aus Abschnitt 3. 2. kann mit dem Temperaturfeld (4. 5) durch

$$\Phi(z,t) = (A + D \cdot T_O) \cdot \exp\left\{\delta \cdot z + \frac{D + \lambda \cdot \delta^2}{\rho c} \cdot t\right\} \tag{4. 9}$$

ausgedrückt werden.

Die Gleichungen (4.5) und (4.9) beschreiben die Verhältnisse vom Beginn der Kontaktierung bei der Anfangstemperaturverteilung (4.7) bis zum Kontaktende, das mit dem Erreichen der

Schmelztemperatur T_S an der Oberfläche eintritt. Die Dauer t_S für einen derartigen Einzelkontakt ergibt sich deshalb, indem man

$$T(z = 0, t_S) = T_S \qquad (4.\ 10)$$

setzt und daraus t_S ermittelt:

$$t_S = \frac{\rho c}{D + \lambda\delta^2} \cdot \ln \frac{A/D + T_S}{A/D + T_O} \quad . \qquad (4.\ 11)$$

Andererseits ergibt sich aus der Bedingung

$$T_O \leq T \leq T_S \qquad (4.\ 12)$$

für die Vorgänge während der inneren Reibung eine Abschätzung der Tiefe

$$h_V = |z_{\min}| \quad , \qquad (4.\ 13)$$

bis zu der die Gleichungen (4.5) bis (4.9) im Höchstfalle zulässig sind und bei der die Hauptbeanspruchung auf Scherung endet:

$$h_V = \frac{1}{\delta} \cdot \ln \frac{A/D + T_S}{A/D + T_O} \quad . \qquad (4.\ 14)$$

Damit trägt man den bekannten Tatsachen Rechnung, dass die plastisch deformierten Volumina, wie sie bei gravierenden Verschleißprozessen auftreten, in der Regel in einen weiträumigen Anteil mit geringer Energiedichte und einen solchen mit hoher örtlicher Konzentration der Deformationswirkung aufgeteilt werden können. Letzterer kommt durch Scherwirkung zustande und ist von wesentlicher Bedeutung. Er enthält im allgemeinen die Ablösungsfront und spielt für den Verschleiß die wesentliche Rolle (vgl. auch Abschnitt 4.3.2.).

Das hier vorgeschlagene Modell konzentriert sich auf diesen Bereich und ist ein Versuch, die Vorgänge darin zu quantifizieren. Insbesondere liefert das Modell neben den wichtigen thermischen Größen T und Φ gemäß den Gleichungen (4. 5) und (4. 9) auch die mit diesen gekoppelte mechanische Größe $\dot{\varepsilon}_p$, die Deformationsgeschwindigkeit, nach der Grundgleichung (2.8):

$$\dot{\varepsilon}_p = \frac{\nu_0}{3} \cdot \exp\left\{- æ \cdot \frac{\mathrm{T_S}}{\mathrm{T}}\right\} \cdot \exp\left\{-\frac{T^*}{T}\right\} \quad . \qquad (2.\ 8)$$

Im Falle reiner plastischer Scherung, wie im vorliegenden Modell angenommen (vgl. Abschnitt 3.2.), stimmen Deformationsgeschwindigkeit $\dot{\varepsilon}_p$ und Scherungsgeschwindigkeit

$\left(\dot{\tan\gamma}\right)$ überein (vgl. auch Bild 13). Berücksichtigt man die für reine plastische Scherung gültige Beziehung

$$\Phi = \tau_0 \cdot \dot{\varepsilon}_p \tag{3. 15}$$

aus Abschnitt 3.2., so geht die Beziehung

$$\dot{\varepsilon}_p = \left(\dot{\tan\gamma}\right) \tag{4. 15}$$

über in die neben (4. 5) und (4. 9) wichtigste Gleichung des hier vorgeschlagenen Verschleißmodells

$$\left(\dot{\tan\gamma}\right) = \Phi / \tau_0 \quad . \tag{4. 16}$$

Diese Verknüpfung von Scherwinkel γ und Dissipationsfunktion Φ erlaubt bei Hinzunahme weiterer Hypothesen einen Zugang zur theoretischen Bestimmung wesentlicher Verschleißkenngrößen. Die naturwissenschaftliche Modellierung solch komplizierter Prozesse, wie sie beim Abtragverschleiß von Metallen auftreten, ist also nicht unmöglich , wenn man die beobachteten Phänomene stets in Zusammenhang mit den grundlegenden Gesetzen der Themodynamik und Mechanik sieht.

4.3. Verschleiß aus der Sicht der Scherungsenergiehypothese

4.3.1. Theoretische Bestimmung der spezifischen Scherungsenergiedichte

Es wurde schon oft versucht, durch energetische Betrachtungen bestimmte Probleme bei der Verschleißprognose zu lösen. Als Initiator dieser Bestrebung kann FLEISCHER genannt werden. Er hat mit dem Kennwert „scheinbare Reibungsenergiedichte" e_R^* 1973 erstmalig einen Schwellenwert der Energiedichte genutzt /Flei 73/ und im Jahre 1976 im Sinne einer Anregung eine sehr detaillierte Energiebilanz bei Reibungs- und Verschleißprozessen vorgeschlagen /Flei 76/. Nach diesem Konzept sollte der Verschleißprozess durch das Verhältnis von Reibarbeit W_R und Verschleißvolumen V_V charakterisiert werden

$$e_R^* = \frac{W_R}{V_V} \quad . \tag{4. 17}$$

Da jedoch diese scheinbare Reibungsenergiedichte e_R^* keine Material-, sondern eine Prozesskenngröße ist, wurde von BECKMANN (/Beck 80/, /Beck 81/, /Beck 83/) für den Fall reinen Scherens vorgeschlagen, das Verhältnis aus Scherungsenergiedichte e_S und Scherspannung τ_0 als charakteristische Werkstoffkenngröße zu nehmen. Es wird auch als spezifische Scherungsenergiedichte bezeichnet. Diese Größe ist deshalb von Interesse, weil in der stationären Verschleißphase, d. h. wenn Proportionalität von Reibung s_R und Verschleißhöhe h_V vorliegt, die lineare Verschleißintensität

$$I_h = \frac{h_V}{s_R} \tag{4. 18}$$

indirekt proportional zu ihr ist. Nach BECKMANN gilt nämlich bei Abtragverschleiß infolge plastischer Kontaktierung

$$I_h = \frac{\tau_0}{e_S} \cdot \frac{\dot{A}_{rS}}{A_a} \quad , \tag{4. 19}$$

wobei der zweite Faktor auf der rechten Seite das Flächenverhältnis von realer plastischer Kontaktfläche A_{rS} mit Scherwirkung und nomineller Fläche A_a bedeutet. Zur Bestimmung dieser Größe ist eine Analyse der Kontaktgeometrie und eine Modellierung der Kontaktgrößen erforderlich. Entsprechende Modelle rauher Oberflächen liegen vor (/Die 86/, /Wink 78/). Der erste Faktor in Gleichung (4.19), der das Werkstoffverhalten beschreibt, konnte bisher nur auf experimenteller Grundlage ermittelt werden, wobei Versuchsergebnisse von CHRUSCOV und GOTZMANN benutzt wurden (/Chrus 74/, /Gotz 78/).

Mit dem im Abschnitt 4.2. vorgeschlagenen Modell auf der Grundlage der Platzwechseltheorie wird im folgenden eine einfache Methode vorgeschlagen, um diese äußerst wichtige Verschleißkenngröße zu gewinnen. Dazu muss man zunächst die in ein Verschleißteilchen eingebrachte Scherungsenergie W_S ausrechnen.

Die in der Zeiteinheit dt in die Schicht $A_a \cdot dz$ eingebrachte und dort dissipierte Energie entspricht der Dissipationsfunktion Φ. Wird ein blättchenförmiges Verschleißteilchen der Dicke h_V, der Fläche A_a und somit dem Verschleißvolumen

$$V_V = A_a \cdot h_V \tag{4. 20}$$

nach $\bar{n}$ Einzelkontaktierungen mit der jeweiligen Kotaktdauer t_S abgetragen, so beträgt die in ihm ungewandelte Energie

$$W_S = \bar{n} \cdot \int_0^{t_S} \int_{-h_V}^{0} \Phi \cdot A_a \cdot dz \cdot dt \quad . \tag{4. 21}$$

Mit der Dissipationsfunktion Φ nach Gleichung (4.9) und der Kontaktdauer t_S nach Gleichung (4. 11) aus Abschnitt 4. 2. bekommt man das Resultat

$$W_S = \bar{n} \cdot A_a \cdot \frac{D}{D + \lambda\delta^2} \cdot \frac{\rho c}{\delta}(T_S - T_0)\left(1 - e^{-\delta h_V}\right) \quad . \tag{4. 22}$$

Die Scherungsenergiedichte

$$e_S = \frac{W_S}{V_V} \tag{4. 23}$$

ergibt sich daraus bei Beachtung von (4. 20) zu

$$e_S = \bar{n} \cdot \frac{D}{D + \lambda\delta^2} \cdot \frac{\rho c}{h_V \delta}(T_S - T_0)\left(1 - e^{-\delta h_V}\right) \quad . \tag{4. 24}$$

Mit der Scherspannung

$$\tau_0 = \frac{L \cdot \rho}{3} \cdot \ln\frac{T_S}{T_0} \tag{3. 77}$$

aus Abschnitt 3. 3. 3., wobei nach dem Vorschlag von ERNST und MERCHANT /Ernst 40/ die spezifische Schmelzwärme L und nicht die spezifische Verdampfungswärme V_D verwendet wird, weil sonst unzulässig hohe Kontaktspannungen τ_0 auftreten würden, erhält man für die spezifische Scherungsenergiedichte den Ausdruck

$$\frac{e_S}{\tau_0} = 3\bar{n} \cdot \frac{æ_{th}}{1 + æ_p^{*}} \cdot \frac{1 - T_0/T_S}{\ln T_S/T_0} \cdot \frac{1 - e^{\delta \cdot h_V}}{\delta \cdot h_V} \tag{4. 25}$$

mit den beiden dimensionslosen Parametern

$$æ_{th} = \frac{c \cdot T_S}{L} \tag{4. 26}$$

und

$$æ_p^2 = \frac{\lambda \delta^2}{D} \quad . \tag{4. 27}$$

Bei der numerischen Bestimmung des thermischen Parameters $æ_{th}$ hat sich gezeigt (vgl. Tabelle 1), dass diese Größe für die meisten betrachteten Metalle nur mäßig variiert.
Ähnliches wurde bei den bisherigen Berechnungen für den dimensionslosen Platzwechselparameter $æ_p$ festgestellt (vgl. Prognosebeispiele im Abschnitt 4. 5. 3. 2. und 4. 5. 3. 3.).
Bei vollständiger Plastifikation

$$A_a = A_{rS} \tag{4. 28}$$

kann gemäß Gleichung (4.19) und Gleichung (4.25) die bisher schwierig zu ermittelnde lineare Verschleißintensität $I_{h,p}$ auf wesentlich theoretischem Wege gefunden werden, sofern δ und $\overline{n}$ bekannt sind:

$$I_{h,p} = \frac{\tau_0}{e_S} = \frac{1 + æ_p^2}{3\overline{n} \cdot æ_{th}} \cdot \frac{\ln T_S / T_0}{1 - T_0 / T_S} \cdot \frac{\delta \cdot h_V}{1 - e^{-\delta \cdot h_V}} \quad . \tag{4. 29}$$

4.3.2. Zusammenhang zwischen spezifischer Scherungsenergiedichte und Schwellenwert ertragbarer Deformation

Die nach der Scherungsenergiehypothese berechnete kritische Scherungsenergiedichte e_S nach Gleichung (4.23) stellt einen Schwellenwert für diejenige Scherungsenergie dar, die ein bestimmtes Volumen V_V gerade noch ertragen kann, ohne abgetragen zu werden. Bei Erhöhung dieser Energie kommt es zum Abtrag, wobei ein Verschleißteilchen der Dicke h_V, der Fläche A_a und dem Verschleißvolumen V_V gemäß Gleichung (4.20) abgetragen wird. Die Dicke h_V der Verschleißteilchen entspricht nach Gleichung (4.13) bzw. (4.14) der räumlichen Entfernung unterhalb der Kontaktfläche zwischen Grund- und Gegenkörper, bis zu der intensive Platzwechselvorgänge nach den Grundgleichungen (2.3), (2.5) und (2.8) stattfinden. Dem entspricht die versuchsmäßig nachgewiesene Tatsache, dass der Abtrag bei relativ ausgedehnten Kontakten durch Rissbildung und Rissausbreitung in einer Ebene $z = z_{Min}$ erfolgt, die in einem bestimmten Abstand parallel zur Kontaktfläche liegt (/Suh 73/, /Scott 74/, /Rice 82/). Oberhalb dieser Ebene kann es zu keiner Rissausbreitung kommen, da die Temperaturen dort oberhalb des Schwellwertes T_O liegen und evtl. vorhandene Mikrorisse sofort wieder geheilt werden. Rissentstehung und Rissheilung können sich bis zur Tiefe h_V das Gleichgewicht halten; erst bei Temperaturen kleiner als T_O überwiegt die Rissentstehung. Die Grenze liegt bei h_V und wird die Dicke der blättchenförmigen Verschleißteilchen charakterisieren. Der in das Verschleißteilchen eingebrachten Scherungsenergie W_S nach Gleichung (4.21) entspricht auch ein kritisches Maß der ertragbaren Deformation an der Oberfläche. Es ist von großem Interesse, einen formelmäßigen Ausdruck für diesen Schwellwert der Grenzscherung aufzustellen, da er eine Möglichkeit schafft, den Verschleiß unmittelbar aus der maximalen Oberflächendeformation zu prognostizieren.

Sei γ_0 der Grenzwert des Scherungswinkels an der Oberfläche. Wegen Gleichung (4.16) gilt für die Grenzscherung $\tan\gamma_0$ nach $\bar{n}$ Kontaktierungen

$$\tan\gamma_0 = \bar{n} \cdot \int_0^{t_S} \frac{\Phi_0}{\tau_0} \cdot dt \quad , \qquad (4.30)$$

wobei Φ_0 die Energiedissipation Φ in der Oberfläche bei $z = 0$ nach Gleichung (4. 9) ist:

$$\Phi_0 = (A + DT_O) \cdot \exp\left\{\frac{D + \lambda\delta^2}{\rho c} t\right\} \quad . \qquad (4.31)$$

Mithin ergibt sich für die Grenzscherung

$$\tan\gamma_0 = \bar{n} \cdot \frac{D}{D + \lambda\delta^2} \cdot \frac{c}{\tau_0} \cdot (T_S - T_O) \quad . \qquad (4.32)$$

Vergleicht man dieses Ergebnis mit der ertragbaren Scherungsenergie nach Gleichung (4.22), so ist direkte Proportionalität zwischen beiden Größen festzustellen:

$$\frac{W_S}{\tan\gamma_0} = \tau_0 \cdot A_a \cdot \frac{1 - e^{-\delta \cdot h_V}}{\delta} \quad . \qquad (4.33)$$

Insbesondere erhält man daraus für die Scherungsenergiedichte nach (4. 23) unter Beachtung von (4. 20):

$$e_S = \tau_0 \cdot \tan\gamma_0 \cdot \frac{1 - e^{-\delta \cdot h_V}}{\delta \cdot h_V} \quad . \qquad (4.34)$$

Dieser Zusammenhang zwischen Scherungsenergiedichte e_S und Grenzscherung $\tan\gamma_0$ bestätigt die These von BECKMANN, wonach nicht die scheinbare Reibungsenergiedichte e_R^* nach FLEISCHER, sondern das Verhältnis aus Scherungsenergiedichte e_S und

Scherspannung τ_0 als charakteristische Werkstoffkenngröße zu nehmen ist (/Beck 80/, /Beck 83/):

$$\frac{e_S}{\tau_0} = \tan\gamma_0 \cdot \frac{1-e^{-\delta \cdot h_V}}{\delta \cdot h_V} \quad . \tag{4. 35}$$

Das Interessanteste an dieser Beziehung zwischen spezifischer Scherungsenergiedichte e_S/τ_0 und Grenzscherung $\tan\gamma_0$ an der Oberfläche ist die Tatsache, dass bei Annahme einer bestimmten Größe für den Grenzwert des Scherwinkels γ_0 an der Oberfläche die Kenntnis der Kontaktierungszahl $\bar{n}$ für e_S/τ_0 nicht mehr notwendig ist. Spezifische Scherungsenergiedichte und Schwellwert der Grenzscherung sind zueinander proportional. Es sind keine zusätzlichen Hypothesen über die Anzahl der tatsächlich stattfindenden Einzelkontaktierungen erforderlich. Gleichung (4.35) macht auch den Dualismus der Eigenschaften zäh/hart metallischer Werkstoffe durchsichtig (/Bern83/, /Beck 81/, /Beck 83/).

Bei großer Duktilität und geringer Härte, also größeren Grenzscherwinkeln γ_0, ist mit einer Verringerung der linearen Verschleißintensität I_h zu rechnen, wenn das geometrische Kontaktverhalten beibehalten wird, da nach Gleichung (4.19) und (4.35) indirekte Proportionalität zwischen Verschleißintensität und Grenzscherung besteht. Umgekehrt wächst der Verschleiß unter den gleichen Bedingungen mit zunehmender Härte und geringerer Zähigkeit, weil dann die ertragbare Scherung $\tan\gamma_0$ niedriger ist. So zeigen zum Beispiel technisch reine Metalle eine leicht steigende Tendenz von τ_0 / e_S mit zunehmender Härte und damit auch ein geringes Anwachsen des Verschleißes mit größerer Härte, falls die Kontaktgeometrie durch unterschiedliche Anpressung bei den verschieden harten Materialien als konstant vorausgesetzt wird (/Chrus 74/, /Raz 83/).

Damit wird die These von HOLZMÜLLER bestätigt, wonach sich Platzwechselprozesse verschleißmindernd auswirken sollen (/Holz 54/, /Holz 87/).

4.4. Verschleiß aus der Sicht der Energieakkumulationshypothese

4.4.1. Verschleiß und Energieakkumulation

Ein erster Versuch, den Verschleiß mit aufgespeicherter Energie in Zusammenhang zu bringen, wurde von RABINOWICZ /Rab 65/ vorgeschlagen. Er nimmt an, dass die in der oberflächennahen Schicht des Reibkörpers akkumulierte elastische Deformationsarbeit die Adhäsionsarbeit, die auf ein Verschleißteilchen einwirkt, übertrifft. Für den mittleren Durchmesser eines Verschleißteilchens findet er eine untere Grenze d_{min}:

$$d \geq d_{\min} = \frac{24 \cdot \sigma_0}{E \cdot \varepsilon_{Max}^2} \quad . \tag{4. 36}$$

Darin bedeuten σ_0 die Oberflächenenergie, E der Elastizitätsmodul und ε_{Max} die maximale Dehnung. Diese Hypothese lässt eine plastische Deformation und Erwärmung des Reibkörpers unberücksichtigt und vereinfacht deshalb die Verschleißbestimmung zu sehr. Auch der Versuch von FLEISCHER /Flei 73/, mit Hilfe der scheinbaren Reibungsenergiedichte e_R^* das Verschleißvolumen

$$V_V = \frac{W_R}{e_R^*} \tag{4. 37}$$

aus der Reibarbeit W_R zu bestimmen, ist noch zu einfach, da nicht alle Energie-Anteile von W_R akkumuliert werden und nicht verschleißbestimmend sind. Die Energiebilanzierung zur Quantifizierung der Verschleißvorgänge muss nämlich nicht darauf hinauslaufen, Vollständigkeit in der Bilanz zu erzielen, sondern vielmehr kommt es darauf an, die für den Prozess wesentlichen Anteile zu erfassen. Nach der energetischen Festigkeitshypothese von TROSS /Tross 66/ werden dem Werkstoff durch mechanische Formänderungsarbeit unmittelbar mechanische und mittelbar thermische Energien zugeführt, wobei die Arbeit zur elastischen Formänderung als akkumulierte Energie aufgespeichert, und die Arbeit zur plastischen Deformation über Platzwechselprozesse in Wärme umgewandelt wird. Dabei werden die Atome kinetisch so angeregt, dass Nachbaratome gleichphasig oder gegenphasig schwingen können. Bei gleichphasigen Schwingungen treten innerhalb des Festkörpers sprödbruchartige Vorgänge auf, die nicht thermisch angeregt sind. Anders bei gegenphasigen Schwingungen. Für die abstoßenden und anziehenden zwischenatomaren Kräfte, deren Überlagerung das reale Kraftgesetz gibt, nehmen TROSS, BORN und HOLZMÜLLER (/Born 54/, /Holz 78/) Potenzgesetze mit großen Exponenten m bzw. n an (vgl. Abschnitt 3.3.1.), da nur sehr kurzreichweitige Kräfte von Bedeutung sind. Im Unterschied zu den Vorstellungen über die Platzwechselvorgänge nach HOLZMÜLLER, wie sie in dieser Arbeit vertreten werden und wonach die Fehlstellen zu den wesentlichen Vorbedingungen für das Einsetzen von Platzwechseln gehören (vgl. Abschnitt 2.1.), sind bei TROSS die Fehlstellen weniger die Ursache als vielmehr die Folge der Platzwechselvorgänge, wobei die Umsetzung der mechanischen Energie in thermische durch Phononenanregung erfolgt, indem beim Aneinandervorbeigleiten der Reibpartner die „Überschneidungen der Grenzatome" frei werden (solche und andere für TROSS typische, bildlich-anschauliche Begriffe erwecken beim Leser fast den Eindruck, als ob er die Atome wie Kugeln oder Bälle in die Hände nimmt und mit ihnen regelrecht jongliert). Dazu wird die mechanische Energie zunächst in Form „überelastischer Dehnung" gespeichert und fließt dann der Abfließstelle, z. B. einer Mikrokerbe, zu. Zum Trennen müssen die „Grenzatome" nacheinander bis auf das Schmelzenergieniveau angeregt werden. In Übereinstimmung mit TROSS wird in der vorliegenden Arbeit auch der Standpunkt vertreten, dass zunächst eine Aufspeicherung der elastischen Verformungsarbeit erfolgt und die plastische Deformation mit intensiven Platzwechseln verbunden ist. Bei Erreichen des Schmelzenergieniveaus wird die Platzwechselwahrscheinlichkeit eins. Bei Temperaturen unterhalb des Schwellwertes T_O kommt es zum Lostrennen, oberhalb T_O zum Ausheilen. Die Größe der akkumulierten Energie bzw. die Akkumulationsenergiedichte gehört deshalb zu denjenigen Energiebestandteilen, welche für den Verschleiß neben der Scherungsenergiedichte und der Gesamtenergie von erstrangiger Bedeutung ist.

Nach den Ausführungen im Abschnitt 4. 2. wird bei einmaliger Energieakkumulation die Energie

$$E_0 = k \cdot T_O \qquad (4.\ 1)$$

an einer Bindung akkumuliert. Die Akkumulationsenergiedichte e_0 ergibt sich daraus, wenn man beachtet, dass in einem Mol eines jeden Stoffes

$$N_L = 6{,}0231 \cdot 10^{23} \qquad (4.\ 38)$$

(Loschmidtsche Zahl) Atome sind und bei Metallen von jedem Atom im Durchschnitt ein Elektron je Platzwechselbindung geliefert wird /Macke 65/

$$e_0 = \frac{N_L}{V_{Mol}} \cdot E_0 \quad , \qquad (4.\ 39)$$

wobei das Molvolumen V_{mol} aus Molmasse m_{Mol} und Dicht ρ berechnet werden kann:

$$V_{Mol} = \frac{m_{Mol}}{\rho} \quad . \qquad (4.\ 40)$$

Beachtet man den Zusammenhang

$$L = \frac{k \cdot T_S}{m_a} \qquad (4.\ 41)$$

zwischen spezifische Schmelzenergie L und Atommasse m_a, so kann man für die Akkumulationsenergiedichte

$$e_0 = \rho L \cdot \frac{T_0}{T_S} \qquad (4.\ 42)$$

schreiben. Dieses bemerkenswerte Ergebnis erlaubt die Feststellung, dass der Übergang von der äußeren zur inneren Reibung genau dann erfolgt, wenn ein bestimmter Teil derjenigen

Energie, die für das Aufschmelzen eines Volumenelementes gebraucht wird, in diesem Volumenelement aufgespeichert ist. Dieser Teil wird durch die dimensionslose Zahl

$$æ_0 = \frac{T_0}{T_S} \tag{4. 43}$$

aus örtlicher Temperatur T_O in der Reibfläche zu Beginn der plastischen Deformation und der Schmelztemperatur T_S charakterisiert. Hypothesen und empirische Formeln zur Bestimmung der sogenannten Blitztemperatur T_0^B, also der Temperatur, die momentan nach Kontaktierung der Reibpartner an deren Oberfläche entsteht, sind in der Literatur verschiedentlich vorgeschlagen worden (/Blok 63/, /They 67/, /Bjel 65/, /Bow 59/, /Arch 59/, /Krau 76/). Am bekanntesten ist der Vorschlag von BLOCK. Jedoch sind alle diese Vorschläge nicht einfach auf den Schwellwert T_O zu übertragen, da Blitztemperatur T_0^B und Schwellwert T_O, bei dem der Übergang von der äußeren zur inneren Reibung erfolgt, nicht ohne weiteres gleichzusetzen sind. In Anlehnung an die Ausführungen in Abschnitt 2. 1., insbesondere Gleichung (2. 4), und in Abschnitt 4. 2., insbesondere die Gleichungen (4.1) und (4.3), wird der Ansatz

$$T_O = T_S - T^* \tag{4. 44}$$

verständlich sein. Auch das Versetzungsplatzwechselmodell von KOCKS, ARGON und ASHBY (vgl. Abschnitt 2. 3, insbesondere Gleichung (2. 28)) /Kocks 75/ legt die Beziehung (4.44) nahe. Der Schwellwert T_O, bei dem der Übergang von äußerer in innere Reibung erfolgt, entspricht damit dem Grad der Abweichung der charakteristischen Debye-Temperatur T^* von der Schmelztemperatur T_S (vgl. Abschnitt (3.3.2.).Die Akkumulationsenergiedichte e_0 nach der Gleichung (4.42) kann mithin wie folgt berechnet werden:

$$e_0 = \rho L \cdot \left(1 - \frac{T^*}{T_S}\right) \quad . \tag{4. 45}$$

In dem Verhältnis von charakteristischer Temperatur T^* und Schmelztemperatur T_S kommt sowohl das Festigkeitsverhalten als auch das Akkumulationsvermögen der Körper zum Ausdruck. Die dimensionslose Zahl

$$æ_0 = 1 - \frac{T^*}{T_S} \tag{4. 46}$$

beschreibt für $æ_0 = 1$ den ideal elastischen Körper, der maximale Energieakkumulation zulässt, und für $æ_0 = 0$ den ideal plastischen Körper, der sich gewissermaßen schon von vornherein in einem quasiflüssigen Zustand befindet und sofort Platzwechsel zulässt, ohne erst zu akkumulieren (vgl. auch die Bemerkungen in Abschnitt 3. 3. 2 über quasiflüssige Körper bei der Poissonzahl $\mu = 11/24$).

4.4.2. Energieakkumulation und Energiedissipation

Energiebilanzierungen für Reibungs- und Verschleißprozesse wurden schon frühzeitig vorgenommen. Eine der ersten Arbeiten in diesem Sinne erschien 1944 /Kus 44/. Darin wendet der Verfasser eine Energiebilanzierung auf den Zerspannungsprozess an

$$W_G = W_1 + W_2 + W_3 \quad . \tag{4. 47}$$

Die Gesamtarbeit W_G teilt sich gemäß dieser Bilanzierung auf in einen Arbeitsbetrag W_1 zur Materialzerstörung, einen Beitrag W_2 zur plastischen Verformung und einen Teil W_3 zur Erzeugung von molekularen Schwingungen und Wärme. Das Charakteristische an dieser Aufteilung ist, dass offenbar nur ein bestimmter Teil der eingebrachten Energie zu einer Schädigung führt. Nach HOLZMÜLLER /Holz 87/ erfolgt eine stufenweise Ablösung durch allmähliche Lockerung des Gefüges nach einer ähnlichen Bilanzgleichung:

$$W_{S0} = \Delta U_1 + \Delta U_2 + \Delta Q \quad . \tag{4. 48}$$

Die auf die Oberflächenenergie σ_0 bezogene Scherarbeit W_{S0} ergibt sich danach aus einem Anteil ΔU_1 zur Bildung neuer Oberflächen, der wie bei RABINOWICZ /Rab 65/ für den eigentlichen Verschleiß maßgebend sein soll (vgl. Abschnitt 4. 4. 1.), einem Anteil ΔU_2 für Fließprozesse und plastische Deformationen ohne Zerstörung und einen Betrag ΔQ, der wie W_3 in Gleichung (4. 47) den Anteil dissipierter Wärme beschreibt.
Auch bei DUBIN /Dub 63/ erfolgt eine Dreiteilung der mechanischen Energie E_t:

$$E_t = E_v + E_m + E_c \tag{4. 49}$$

in einen zerstörenden Anteil E_v, einen makroskopischen Teil E_m und einen mikroskopischen Energiebetrag E_c. KOSTEZKIJ /Kos 70/ zerlegt die Reibungsenergie E_R in fünf Bestandteile:

$$E_R = Q_{diss} + E_{sm} + \Delta E_{wn} + \Delta E_\pi + E_d \quad . \tag{4. 50}$$

In dieser Gleichung bedeuten Q_{diss} die Reibwärme, E_{sm} die Schmierungsenergie, ΔE_{wn} die Erhöhung der inneren Energie, ΔE_{π} die Oberflächenenergie und E_d die Energieabgabe an die Umgebung . FLEISCHER /Flei 76/ nimmt sogar eine Aufteilung der Reibungsenergie W_R in 12 Bestandteile vor, ohne Vollständigkeit zu erreichen. Wie schon in Abschnitt 4. 4. 1. betont, kommt es jedoch nicht in erster Linie auf eine vollständige Energiebilanzierung bei Verschleißvorgängen an, sondern vielmehr auf eine sinnvolle Bilanzierung der für den Verschleißprozess wesentlichen Energieanteile. Wesentlich für die Verschleißprozesse scheint die Aufteilung der gesamten eingeleiteten Energie in einen schädigenden und einen dissipierten Energieanteil zu sein, wobei das Verhältnis ξ von Gesamtenergie zu schädigender bzw. gespeicherter Energie verschleißrelevant ist. So ist zum Beispiel nach FEDOROV /Fed 72/ die lineare Verschleißgeschwindigkeit

$$\dot{h}_V = \frac{\dot{V}_V}{A_a} \quad , \tag{4. 51}$$

d. h. der auf die nominelle Kontaktfläche A_a bezogene Volumenstrom $\dot{V}_V$ abgetragener Verschleißpartikeln, umgekehrt proportional zu dieser Verhältniszahl:

$$\dot{h}_V \sim \frac{1}{\xi} \tag{4. 52}$$

mit

$$\xi = \frac{Gesamtenergie}{akkumuleirte \quad Energie} \quad . \tag{4. 53}$$

Tabelle 2 gibt für einige Metalle die von FEDOROV kalorimetrisch ermittelten Anteile der nicht sofort thermisch gewordenen Akkumulationsenergie an der gesamten umgesetzten mechanischen Reibenergie wieder. Auch TAYLOR und QUINNEY /Tay 34/ weisen darauf hin, dass sich die mechanisch zugeführte Energie zu 84 bis 91 % sofort in thermische Energie umsetzt, der Rest jedoch in Form von Eigenspannungen im Werkstoff akkumuliert und nicht sofort dissipiert wird. Nach GRÖGER und KOBOLD /Grö 75/ wird die Speicherung der mechanischen Energie durch strukturelle Werkstoffeigenschaften bedingt, die die Dissipation verhindern. Dabei sollen Spannungen auftreten, deren Verlauf die Verteilung der gespeicherten Energie kennzeichnet. Ruft man sich die Ausführungen des Abschnitts 3.1. über den Zusammenhang von Energieakkumulation, Energiedissipation und Platzwechsel-prozesse ins Gedächtnis zurück, so sollte umgekehrt der Temperaturverlauf der Verteilung der dissipierten Energie entsprechen. Die Gleichung (3. 7) quantifiziert diese wichtige Erkenntnis für den Spezialfall des reinen Scherens, bei dem direkte Proportionalität zwischen Dissipation und Temperatur vorliegt. Zwischen Dissipation Q, Akkumulation W und Gesamtenergie E_G muss deshalb bei einer Bilanzierung dieser drei für den Verschleiß wesentlichen Größen gelten:

$$E_G = Q + W \quad . \tag{4. 54}$$

Unter Beachtung von (4. 53) folgen die beiden wichtigen Relationen

$$E_G = Q + \frac{E_G}{\xi} \tag{4. 55}$$

bzw.

$$\xi \cdot W = Q + W \quad . \tag{4. 56}$$

Die letzte Gleichung beschreibt den Zusammenhang zwischen Energieakkumulation W und Energiedissipation Q. Schreibt man diese Gleichung in die Energiedichten e_0 bzw. e_S für die Akkumulationsenergie- bzw. Dissipationsenergiedichte um, wobei letztere nach den Ausführungen des Abschnitts 4. 3. 1. der Scherungsenergiedichte entspricht, so erhält man die Beziehung

$$e_S = (\xi - 1) \cdot e_0 \tag{4. 57}$$

bzw.

$$\frac{\tau_0}{e_S} = \frac{1}{\xi - 1} \cdot \frac{\tau_0}{e_0} \quad . \tag{4. 58}$$

Diese Relation erlaubt für die lineare Verschleißintensität $I_{h,p}$ bei vollständiger Plastifikation neben den Beziehungen (4.29) und (4.35) aus Abschnitt 4. 3. 1. und 4. 3. 2. eine weitere Berechnungsmöglichkeit:

$$I_{h,p} = \frac{1}{\xi - 1} \cdot I^* \quad , \tag{4. 59}$$

wobei sich die neu eingeführte charakteristische Größe I^* aus den Gleichungen (4.42) und (3.77) der Abschnitte 4. 4. 1. und 3. 3. 3. ergibt:

$$I^* = \frac{1}{3} \cdot \frac{T_S}{T_0} \cdot \ln \frac{T_S}{T_0} = \frac{\tau_0}{e_0} \quad . \tag{4. 60}$$

Damit eröffnet sich eine Möglichkeit der Verschleißprognose über kalorimetrische Messungen der Akkumulationszahl ξ.

Mithin kann man bei Kenntnis dieser Größe ξ aus (4.35) und (4.58) die Grenzscherung $\tan \gamma_0$ ermitteln:

$$\tan\gamma_0 = \frac{\xi - 1}{I^*} \cdot \frac{\delta \cdot h_V}{1 - e^{-\delta \cdot h_V}} \quad . \tag{4. 61}$$

Geringe Energieakkumulation, also große ξ – Werte, erlauben große plastische Verformungen und verringern den Verschleiß zugunsten der Deformation. Umgekehrt neigen Körper mit großer Energieakkumulation, also kleinen ξ – Werten, zu höheren Verschleißintensitäten, da nur wenig Energie über Platzwechselprozesse in Deformation umgesetzt werden kann.

Dieser Zusammenhang zwischen Verschleiß und Akkumulationsvermögen entspricht der Erfahrung, dass bei gleicher Kontaktgeometrie, die bei unterschiedlich harten Körpern durch entsprechende Veränderung des Anpressdruckes zu realisieren ist, der verschleißfestere Körper auch der duktilere ist, und der härtere Körper, der zwar viel elastische Energie speichern kann, trotzdem der verschleißschwächere ist, da er nur ungenügend den außergewöhnlichen Beanspruchungen durch Verformung ausweichen kann.

Der Anteil der Härte zur Verschleißminderung bei konstantem Anpressdruck besteht dagegen in einer Verringerung des anteilmäßigen Flächenverhältnisses A_{rS}/A_s (vgl. Formel (4. 19)) und damit einer Verbesserung der Kontaktgeometrie. Auf diese Problematik wird zu Beginn des Abschnitts 4. 5. 3. noch besonders eingegangen.

4.5. Verschleißprognose auf Grundlage der Platzwechseltheorie

4.5.1. Prognostizierung des Verschleißvolumens und der Abtraghöhe

Die wichtigste den Verschleiß charakterisierende Kenngröße ist das Verschleißvolumen V_V. Experimentell sind je nach den Versuchsbedingungen sehr unterschiedliche geometrische Formen der Verschleißpartikeln zu finden (/Scott 74/, /Czi 73/, /Ach 63/). Selten handelt es sich um kugel- oder halbkugelförmige Verschleißpartikeln. Es gibt genügend Hinweise dafür, dass solche Formen erst im Anschluss an den eigentlichen Abtrag durch Aufrollen und Zermahlen von ursprünglich blättchenförmigen Partikeln entstehen /Suh 73/. Für das Volumen eines solchen blättchenförmigen Verschleißteilchens kann man die in Abschnitt 4. 3. 1. aufgestellte Beziehung

$$V_V = A_a \cdot h_V \tag{4. 20}$$

mit der Fläche A_a und der Dicke h_V der Blättchen verwenden. Die Größe der Fläche A_a kann nicht aus dem Platzwechselmodell gewonnen werden, sondern nur aus Modellen, welche die

Oberflächenrauhigkeiten und die speziellen Kontaktbedingungen modellieren. Solche Modelle werden bei DIERICH u. a. untersucht (/Die 86/, /Beck 81F/, /Wink 78/). Somit reicht die alleinige Betrachtung der Platzwechselvorgänge nicht aus, um Verschleißprozesse vollständig zu quantifizieren. Man muss unbedingt auch die Kontaktgrößen in ihrer Abhängigkeit vom Systemverhalten mit einbeziehen, und insofern besteht das Problem darin, eine sinnvolle Synthese beider Aspekte zu erarbeiten /Beck 81/. Der Schwerpunkt der folgenden Ausführungen soll jedoch auf den Möglichkeiten liegen, welche die Platzwechseltheorie liefert. Gemäß dem Verschleißmodell nach Abschnitt 4.2. kann die Platzwechseltheorie eine Abschätzung für die Dicke der abgetragenen Verschleißteilchen geben. Die Dicke der Schicht, in welcher außerordentlich starke Deformationen auftreten und in der sich eine ganz besondere Dissipationsstruktur ausbildet, beträgt nach Gleichung (4.14) aus Abschnitt 4. 2.:

$$h_V = \frac{1}{\delta} \cdot \ln \frac{A/D + T_S}{A/D + T_O} \quad . \qquad (4.\,14)$$

Diese Größe ist gemäß den Ausführungen im Abschnitt 4. 3. 2. die Grenze zwischen Orten der Rissheilung und Orten der Rissausbreitung und kann deshalb als ein Minimum für die Größe der abgetragenen Schicht angesehen werden. In erster Näherung wird diese Größe die Dicke der blättchenförmigen Verschleißteilchen charakterisieren. Bemerkenswert ist, dass diese Größe vorrangig vom logarithmischen Dekrement δ der Anfangstemperaturverteilung, also maßgeblich vom Wärmeableitungsvermögen λ und der spezifischen Wärmekapazität c abhängt. Schlechte Wärmeableitung bei geringer Wärmekapazität, also großes δ, verringert den Verschleiß und gute Wärmeableitung bei hoher Wärmekapazität, also kleines δ, führt zu erhöhtem Verschleiß. Der erste Fall entspricht nämlich einem Wärmestau an der Oberfläche, der bei den damit auftretenden höheren Temperaturen Ausheilprozesse innerhalb der Festkörperstruktur begünstigt und damit auch das Zerstören des Gefüges und den Verschleiß eindämmt. Umgekehrt im zweiten Fall, wo vorhandene Risse nicht wieder „repariert" werden können. Das im Logarithmus von Gleichung (4.14) stehende Verhältnis der Platzwechselkonstanten A und D hängt nach Gleichung (4.6) aus Abschnitt 4.2. nur von der Entwicklungstemperatur T_c^* und der charakteristischen Temperatur T^* ab:

$$\frac{A}{D} = \frac{T_c^* - T^*}{T^*} \cdot T_c^* \quad . \qquad (4.\,6)$$

Auf Grund des Zusammenhanges

$$T_c^* = \frac{1}{2}(T_O + T_S) \tag{4. 2}$$

aus Abschnitt 4. 2. zwischen der Entwicklungstemperatur T_c^*, dem Schwellwert T_O und der Schmelztemperatur T_S, sowie der Relation

$$T_O = T_S - T^* \tag{4. 44}$$

aus Abschnitt 4. 4. 1. hängt die Abtraghöhe h_V nur von den werkstoffspezifischen Größen δ, T_S und T^* ab, von denen T^* nach Gleichung (3.66) aus Abschnitt 3. 3. 2. zu berechnen, T_S aus Tabellen zu entnehmen und δ mit der Wärmeleitfähigkeit λ und der Platzwechselkonstanten D verknüpft ist.

Diese Verknüpfung erfolgte in Abschnitt 4. 3. 1. über den Parameter $æ_p$ gemäß Gleichung (4.27):

$$\delta = æ_p \cdot \sqrt{\frac{D}{\lambda}} \quad . \tag{4. 62}$$

In dieser Gleichung drückt sich quantitativ das eben diskutierte Verhalten zwischen logarithmischem Dekrement δ und Wärmeleitvermögen λ aus.

Da die Platzwechselkonstante D nach Gleichung (3. 22) aus Abschnitt 3. 2.

$$D = \frac{\nu_0}{3} \cdot \alpha \cdot \tau_0 \cdot \frac{T^*}{\left(T_c^*\right)^2} \cdot \exp\left\{-\frac{T^*}{T_c^*}\right\} \tag{3. 22}$$

direkt proportional zur Defektwahrscheinlichkeit

$$\alpha = \exp\left\{-æ_D \cdot \frac{T_s}{T_c^*}\right\} \tag{3. 19}$$

ist, muss nach (4.14) und (4.62) die Abtraghöhe h_V indirekt proportional zur Wurzel aus der Defektwahrscheinlichkeit α sein:

$$h_V \sim \frac{1}{\sqrt{\alpha}} \quad . \tag{4. 63}$$

Dieses Verhalten zwischen h_V und α kann anschaulich so gedeutet werden, dass eine Metalloberfläche mit vielen Defekten eine geringere Tragfähigkeit hat als eine Oberfläche, die dem idealen Festkörper nahe kommt. Auf ein ähnliches Verhalten der Festigkeit von Metalloberflächen beim Gleitverschleiß haben andere Forscher auch schon hingewiesen (/Rice 82/, /Zuck 80/, /Czi 72/, /Bern 83/). Übrigens steckt die Vorgeschichte von α (z. B. Kaltverfestigung) in dem Parameter $æ_D$, der nach den Ausführungen in Abschnitt 2. 1. das

Verhältnis von Defektstellenbildungsenergie E_D zu atomarer Schmelzenergie $k \cdot T_S$ gemäß Gleichung (2. 2) beschreibt:

$$æ_D = \frac{E_D}{k \cdot T_S} \quad . \tag{4. 64}$$

4.5.2. Prognostizierung der linearen Verschleißintensität bei vollständiger Plastifikation

Zur Prognostizierung der linearen Verschleißintensität $I_{h,p}$ bei vollständiger Plastifikation bieten sich nach dem hier vorgelegten Modell auf Grundlage der Platzwechseltheorie drei unterschiedliche Wege an:

I. Verschleißprognose aus dem Deformationsverhalten oder damit äquivalenter Verhaltensweisen des Materials

II. Verschleißprognose aus dem Akkumulationsvermögen

III. Verschleißprognose aus der Bestimmung der Kontaktierungszahl und des logarithmischen Dekrements.

Die Verschleißprognose nach I basiert auf dem Zusammenhang

$$\left(\tan\dot{\gamma}\right) = \Phi / \tau_0 \tag{4. 16}$$

zwischen Scherungsgeschwindigkeit $\left(\tan\dot{\gamma}\right)$ und Dissipation Φ nach dem Verschleißmodell aus Abschnitt 4. 2.

Mit der Dissipationsfunktion

$$\Phi(z,t) = (A + D \cdot T_0) \cdot \exp\left\{\delta \cdot z + \frac{D + \lambda \cdot \delta^2}{\rho c} \cdot t\right\} \tag{4. 9}$$

ergibt sich nach $\bar{n}$ Kontaktierungen mit der jeweiligen Kontaktdauer

$$t_S = \frac{\rho c}{D + \lambda\delta^2} \cdot \ln \frac{A/D + T_S}{A/D + T_0} \quad . \tag{4. 11}$$

das Scherungsfeld

$$\tan\gamma = \bar{n} \cdot \frac{D}{D + \lambda\delta^2} \cdot \frac{\rho c}{\tau_0} \cdot (T_S - T_0) \cdot e^{\delta z} \tag{4. 65}$$

bzw.

$$\tan\gamma = \tan\gamma_0 \cdot e^{\delta z} \quad , \tag{4. 66}$$

wobei tan γ_0 die Grenzscherung nach Gleichung (4.32) bedeutet, die proportional zur Kontaktierungszahl $\bar{n}$ ist.

DAUTZENBERG und ZAAT /Dau 76/ haben Deformationslinien ausgemessen, die bei der Gleitreibung eines Kupferstiftes auf einer Stahlscheibe im Stift realisiert wurden. Der Kupferstift zeigte Abtrag in Form einer Bartbildung hinter dem Stift, aufgebaut aus verschweißten einzelnen Abragschichten. Aus dem Verlauf der Deformationslinien kann man die jeweilige Größe der Scherung tan γ im Abstand $|z|$ von der Oberfläche entnehmen. Trägt man den Logarithmus der Scherung über dem Abstand $|z|$ in Millimeterpapier ein, so kann aus der Regressionsgeraden

$$\ln(\tan\gamma) = \ln(\tan\gamma_0) - \delta|z| \tag{4. 67}$$

die Grenzscherung tan γ_0 und das logarithmische Dekrement δ entnommen werden (vgl. das Diagramm zu Bild 15 im Anhang). Mit Kenntnis dieser beiden Größen gelingt eine Verschleißprognose nach I. Man kann dabei auch andere Messungen zugrunde legen, wenn ein eindeutiger Zusammenhang zwischen Deformationsfeld und der zu messenden Größe besteht. Bei Metallen hat sich zum Beispiel eine Nadai-Beziehung zwischen Verfestigung bzw. Mirkohärtesteigerung und Deformation bewährt:

$$\Delta H = H_0 \cdot (\tan\gamma)^p \quad , \tag{4. 68}$$

wobei ΔH die Härtesteigerung der Mikrohärte in Bezug auf die Vickers-Grundhärte H_0 des Körpers ist und p der Verfestigungsexponent. Somit können auch Mikrohärtemessungen für die Verschleißprognose herangezogen werden. Im Abschnitt 4. 5. 3. 3. wird anhand eines Beispiels diese Möglichkeit demonstriert.

Hat man Kenntnis über tan γ_0 bzw. δ gewonnen, so erfolgt die Berechnung der linearen Verschleißintensität bei vollständiger Plastifikation $A_a = A_{rS}$, also

$$I_{h,p} = \frac{\tau_0}{e_S} \tag{4. 19}$$

über die Gleichung (4. 35) aus Abschnitt 4. 3. 2.:

$$I_{h,P} = \frac{1}{\tan\gamma_0} \cdot \frac{\delta \cdot h_V}{1 - e^{-\delta \cdot h_V}} \quad . \tag{4. 35}$$

Die in dieser Arbeit gemachte Annahme der vollständigen Plastifikation, d. h. der Übereinstimmung von nomineller Kontaktfläche A_a und realer Kontaktfläche mit plastischer

Wirkung A_{rS} bei der Verscheißberechnung für den adhäsiven Verschleiß, entspricht in vielen Punkten der Annahme, dass die Adhäsion zwischen den Verscheißpartnern ihre Ursache in der Elektronenkonfiguration der Valenzelektronen auf der Metalloberfläche hat (/Czi 69/, /Czi 72/) und deshalb auch dann noch eine Wechselwirkung zwischen beiden Kontaktflächen vorliegt, wenn selbst kein unmittelbarer mechanischer Kontakt vorhanden ist.
Wegen

$$\delta \cdot h_v = \ln \frac{A/D + T_S}{A/D + T_O} \tag{4. 69}$$

nach Gleichung (4.14) wird das in Gleichung (4.35) wesentlich eingehende Produkt aus logarithmischem Dekrement δ und Abtraghöhe h_v leicht bestimmbar, ohne jeden einzelnen Faktor gesondert zu kennen. Das ist ein großer Vorteil, weil damit die lineare Verschleißintensität $I_{h,p}$ nach Gleichung (4.35) im wesentlichen nur noch von einer experimentell zu ermittelnden Größe abhängt, nämlich der Grenzscherung tan γ_0 an der Oberfläche:

$$I_{h,P} = \frac{1}{\tan \gamma_0} \cdot \frac{\ln \dfrac{A/D + T_S}{A/D + T_0}}{1 - \dfrac{A/D + T_0}{A/D + T_S}} \tag{4. 70}$$

Betrachtet man andererseits die Gleichung (4.29) aus Abschnitt 4. 3. 1.:

$$I_{h,p} = \frac{\tau_0}{e_S} = \frac{1 + æ_p^2}{3\overline{n} \cdot æ_{th}} \cdot \frac{\ln T_S/T_O}{1 - T_O/T_S} \cdot \frac{\delta \cdot h_V}{1 - e^{-\delta \cdot h_V}} \tag{4. 29}$$

und vergleicht mit (4. 70) unter Beachtung von (4. 69), so erschließt sich eine Möglichkeit zur Bestimmung der sonst schwer zugänglichen Kontaktierungszahl $\overline{n}$:

$$\bar{n} = \tan\gamma_0 \cdot \frac{1+æ_p^2}{3 \cdot æ_{th}} \cdot \frac{\ln {T_S}/{T_0}}{1-{T_0}/{T_S}} \qquad (4.71)\ .$$

Das hier vorgeschlagene Modell zeigt damit einen relativ einfachen Weg, wie aus der Kenntnis des Deformationsfeldes während der stationären Verschleißphase die Kontaktierungszahl $\bar{n}$ gewonnen werden kann. Dazu ist jedoch im Gegensatz zur Berechnung der linearen Verschleißintensität $I_{h,p}$ die Kenntnis des gesamten Deformationsverhaltens des Körpers erforderlich, da nicht nur wie in Gleichung (4.70) die Grenzscherung tan γ_0 sondern wegen

$$æ_p^2 = \frac{\lambda\delta^2}{D} \qquad (4.27)$$

auch das Abklingverhalten δ der Deformationen bekannt sein muss. Weiterhin erlaubt das Modell im Rahmen der Verschleißprognose I eine auf mechanischen und nicht kalorimetrischen Messungen fußende Bestimmung der wichtigen Akkumulationszahl ξ (vgl. Definitionsgleichung (4.53) in Abschnitt 4. 4. 2.).
Denn über die Beziehung (4.59) aus Abschnitt 4. 4. 2.:

$$I_{h,p} = \frac{1}{\xi - 1} \cdot I^* \qquad (4.59)$$

und (4.70) kann ξ aus der Grenzscherung tan γ_0, also aus einer rein mechanisch zu ermittelnden Größe, berechnet werden:

$$\xi = \tan\gamma_0 \cdot I^* \cdot \frac{1 - \frac{{A}/{D} + T_O}{{A}/{D} + T_S}}{\ln \frac{{A}/{D} + T_S}{{A}/{D} + T_O}} + 1 \qquad , \qquad (4.72)$$

wobei I^* aus Gleichung (4. 60) zu ermitteln ist:

$$I^* = \frac{1}{3} \cdot \frac{T_S}{T_O} \cdot \ln \frac{T_S}{T_O} \qquad . \qquad (4.60)$$

In Tabelle 1 sind für die wichtigsten Metalle Werte der charakteristischen Verschleißintensität I^* angegeben.
Liegen umgekehrt kalorimetrische Messungen von ξ vor, so kann natürlich die Grenzscherung tanγ_0 theoretisch bestimmt werden, ohne das Deformationsfeld auszumessen. Die damit

verbundene Verschleißprognose nach II liefert zwar Werte für die lineare Verschleißintensität $I_{h,p}$, gestattet jedoch keine Aussage über die Größe der Kontaktierungszahl $\bar{n}$, da aus ξ keine Angaben für das logarithmische Dekrement δ folgen.

Ganz schwierig wird die Prognose der linearen Verschleißintensität nach III, da eine Bestimmung der Kontaktierungszahl $\bar{n}$ und des logarithmischen Dekrements δ ohne Ausmessung des Deformationsfeldes bzw. dazu äquivalenter Felder sehr schwierig ist. Das logarithmische Dekrement δ muss aus der Anfangstemperaturverteilung bestimmt werden und die Kontaktierungszahl $\bar{n}$ aus der Zeit t_G, die vergeht, bis eine Verschleißpartikel abgetragen wird:

$$\bar{n} = \frac{t_G}{t_S} \quad . \tag{4. 73}$$

In dieser Beziehung wird unterstellt, dass nach Kontaktunterbrechung beim Erreichen der Schmelztemperatur T_S an der Oberfläche sofort die nächste Kontaktierung bei dem Schwellwert T_O einsetzt, was jedoch nur dann angenommen werden kann, wenn die Abkühlgeschwindigkeit so groß ist, dass die Zeit zwischen den einzelnen Kontaktierungen vernachlässigbar gegenüber der Kontaktdauer t_S ist. Man ersieht schon daraus, wie problematisch eine experimentelle Bestimmung der Kontaktierungszahl $\bar{n}$ ist.

In den Prognosebeispielen des Abschnitts 4. 5. 3. wird deshalb vorrangig auf eine Verschleißprognose nach I orientiert, welche am zuverlässigsten erscheint.

4.5.3. Prognosebeispiele

4.5.3.1. Vorbemerkung

Bevor man eine Verschleißprognose auf der Grundlage der Platzwechseltheorie vornimmt, sollte man sich noch einmal die wesentlichsten Bedingungen bewusst machen, unter denen eine solche Prognose möglich ist.

Die Hauptbedingung ist, dass vollständige Plastifikation erreicht ist:

$$A_a = A_{rS} \quad . \tag{4. 28}$$

Wie die Arbeiten von BECKMANN und DIERICH zeigen (/Beck 81F/, /Beck 83/, /Die 86/), kann das tatsächliche Flächenverhältnis von realer Scherfläche mit plastischer Wirkung A_{rS} und nomineller Fläche A_a je nach Anpressdruck und Härte unter den wirklichen

Betriebsbedingungen beträchtlich variieren und somit den Verschleiß bestimmen. Die wahre lineare Verschleißintensität

$$I_h = \frac{\tau_0}{e_S} \cdot \frac{A_{rS}}{A_a} \tag{4. 19}$$

wird deshalb um dieses Verhältnis kleiner sein als die Größe τ_0/e_S. Analog ist die wahre lineare Verschleißgeschwindigkeit

$$\dot{h}_V = \frac{h_V}{\overline{n} \cdot t_S} \cdot \frac{A_{rS}}{A_a} \tag{4. 74}$$

um dieses Verhältnis kleiner als die Größe h_V/t_G.

Deshalb verlangt eine vollständige Verschleißprognose stets die Prognose der Prozessgröße A_{rS}/A_a und die Prognose der werkstoffspezifischen Verschleißkenngrößen τ_0/e_S.

Eine weitere Bedingung ist, dass man bei den experimentellen Messungen Sicherheit dafür haben muss, dass der untersuchte Verschleißprozess in seiner stationären Phase abläuft, d. h. ob wirklich Proportionalität von Reibweg s_R und Verschleißhöhe h_V vorliegt.

Da das hier vorgelegte Verschleißmodell eine Art adiabatisches Scheren der Oberfläche nach ZENER und HOLLOMON voraussetzt (/Zen 44/, /Chris 79/), müssen alle Einlauf- und Glättungsvorgänge zwischen den Reibpartnern abgeschlossen sein, ehe das Modell anwendbar ist. Werden zum Beispiel Schliffbilder deformierter Oberflächenbereiche zur Verschleißprognose herangezogen, so muss man sich vergewissern, ob es sich tatsächlich um Bilder verschlissener Oberflächenbereiche in der stationären Verschleißphase handelt und nicht etwa um Bilder deformierter Bereiche, bei denen noch kein Abtrag eingetreten ist. Analoges trifft für Mikrohärtemessungen zu, welche nur dann zu sinnvollen Verschleißprognosen führen, wenn die Verfestigung während der stationären Verschleißphase eingetreten ist. Es bleibt noch zu erwähnen, dass die hier vorgeschlagene Verschleißprognose natürlich nur dann funktioniert, wenn die unter Laborbedingungen auftretenden Deformationen und Verfestigungen der Verschleißpartner äquivalent zu denjenigen sind, die unter Betriebsbedingungen während des Verschleißprozesses auftreten.

4.5.3.2. Prognosebeispiele auf Grundlage der Kenntnis des Deformationsfeldes

Bei der Versuchsanordnung Stift-Scheibe nach DAUTZENBERG /Dau 73/ zeigt die Bartbildung am Kupferstift, dass in diesem die stationäre Verschleißphase eingetreten ist und deshalb Schliffbilder senkrecht zur Reiboberfläche und parallel zur Verschleißrichtung zur experimentellen Ermittlung des Scherungsfeldes im Kupferstift herangezogen werden können. Bild 14 gibt die Struktur innerhalb der deformierten Oberflächenschichten wieder, und Bild 15 gibt die von DAUTZENBERG und ZAAT experimentell bestimmte Größe

$$\bar{\delta} = \frac{1}{\sqrt{3}} \cdot \tan\gamma \qquad (4.75)$$

Bild 14: Deformationsfeld im Kupferstift /Dau 73/

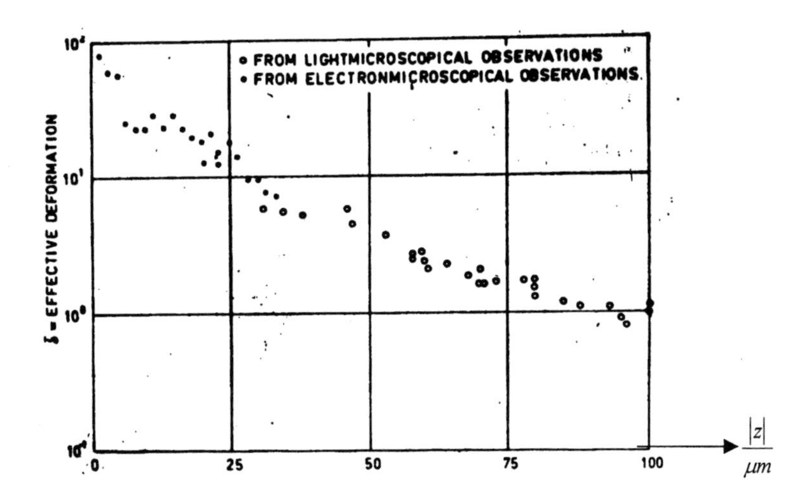

Bild 15: Experimentelle Ergebnisse von DAUTZENBERG und ZAAT /Dau 73/

auf halblogarithmisch geteiltem Papier wieder (vgl. auch das Diagramm zu Bild 15 im Anhang). Die durch die lichtmikroskopisch erfassten Messpunkte gelegte Ausgleichsgerade

$$\lg \bar{\delta} = 1{,}3218 - 0{,}0156 \cdot |z| \qquad (4.76)$$

enthält im Absolutglied nach Gleichung (4.67) die Grenzscherung tan γ_0 und im Anstieg das logarithmische Dekrement δ:

$$\tan \gamma_0 = 36{,}34 \quad ,$$

$$\delta = 0{,}036 \cdot \mu m^{-1} \quad .$$

Das entspricht einem Grenzscherungswinkel γ_0 von nahezu 90°:

$$\gamma_0 = 88{,}424° \quad ,$$

wie er auch aus Verschleißuntersuchungen von CHRUSCOV bestimmt wurde /Chrus 74/.

Um Verschleißintensität $I_{h,p}$ und Abtraghöhe h_V zu prognostizierten, müssen noch die Temperaturen T^*, T_0 und die T_c^* berechnet werden. Die Debye-Temperatur T^* nach Gleichung (3.66) aus Abschnitt 3.3.2. für Kupfer beträgt:

$$T^* = \frac{T_S}{12 \cdot (1 - 2\mu)} = 377\ k \quad , \qquad (3.66)$$

woraus sofort die Größen für den Schwellwert

$$T_O = T_S - T^* = 979 \text{ K} \tag{4. 44}$$

und die Entwicklungsstelle

$$T_c^* = \frac{1}{2}(T_O + T_S) = 1\,167{,}5 \text{ K} \tag{4. 2}$$

folgen (vgl. Abschnitt 4. 5. 1). Das noch benötigte Verhältnis der Platzwechselkonstanten A und D wird nach Gleichung (4.6) aus T_c^* und T^* berechnet:

$$\frac{A}{D} = \frac{T_c^* - T^*}{T^*} \cdot T_c^* = 2\,448 \text{ K} \quad . \tag{4. 6}$$

Aus diesen grundlegenden Temperaturen, den in Tabellen zu findendem Materialkenngrößen ρ, λ, c, L (vlg. Tabelle 1 im Anhang) und den gemessenen Größen für die Grenzscherung $\tan\gamma_0$, dem logarithmischen Dekrement δ und der Defektstellenbildungsenergie E_D lassen sich Verschleißprognosen für die Abtraghöhe h_V, die lineare Verschleißintensität $I_{h,p}$, die Akkumulationszahl ξ, die Scherungsenergiedichte e_S, die Akkumulationsenergiedichte e_0, die Kontaktierungszahl $\bar{n}$, die Zeit t_S für eine Einzelkontaktierung, die Abtragzeit t_G sowie für die lineare Verschleißgeschwindigkeit $\dot{h}_{V,p}$ und den zu erwartenden Deformationsweg s_0 an der Oberfläche machen.

Die Abtraghöhe h_V wird nach der Gleichung (4.14) ermittelt:

$$h_V = \frac{1}{\delta} \cdot \ln \frac{A/D + T_S}{A/D + T_O} \approx 3\,\mu m \tag{4. 14}$$

und die lineare Verschleißintensität $I_{h,p}$ nach Gleichung (4.70):

$$I_{h,P} = \frac{1}{\tan\gamma_0} \cdot \frac{\ln \frac{A/D + T_S}{A/D + T_O}}{1 - \frac{A/D + T_O}{A/D + T_S}} \approx 0{,}03 \quad . \tag{4. 70}$$

Vergleicht man die erhaltenen Resultate mit den über Verschleißmessungen bestimmten Werten

$$h_V^{Exp} \approx 5\,\mu m$$

bzw.

$$I_{h,p}^{Exp} = 0{,}04 \quad ,$$

so kann eine recht gute Übereinstimmung festgestellt werden, zumal bei Betrachtung der vorgenommenen Vereinfachungen.

Auch die mit Hilfe der Gleichung (4. 72) bzw. (4. 59) berechnete Akkumulationszahl

$$\xi = \tan\gamma_0 \cdot I^* \cdot \frac{1 - \dfrac{A/D + T_O}{A/D + T_S}}{\ln \dfrac{A/D + T_S}{A/D + T_O}} + 1 = 6 \quad , \tag{4. 72}$$

wobei die Größe I^* nach Gleichung (4. 60) ermittelt wurde:

$$I^* = \frac{1}{3} \cdot \frac{T_S}{T_O} \cdot \ln \frac{T_S}{T_O} = \frac{\tau_0}{e_0} = 0{,}15 \quad , \tag{4. 60}$$

stimmt gut mit dem von FEDOROV experimentell bestimmten Wert für das Akkumulationsvermögen von Kupfer überein:

$$\xi^{Exp} = 5 \quad . \qquad /\text{Fed } 72/$$

Der berechnete Wert $\xi = 6$ besagt, dass

$$\frac{1}{\xi} \approx 17\,\% \quad .$$

von der gesamten eingebrachten Reibarbeit W_R im Kupferstift akkumuliert und 83 % durch die mit der plastischen Deformation verbundenen Dissipationsprozesse in Wärme umgewandelt wird.

FLEISCHER gibt ebenfalls Werte von 83 % und darüber für die sofort in Wärme umgesetzte mechanische Energie an /Flei 76/. Für die Energiedichten von Scherungs- und Akkumulationsenergie liefern die Gleichungen (4.29) und (4.42) die Werte

$$e_S = \frac{\tau_0}{I_{h,p}} = 7\ GPa \tag{4. 29}$$

und

$$e_0 = \rho L \cdot \frac{T_O}{T_S} = 1{,}4\ GPa \quad , \tag{4. 42}$$

wobei die Merchant´sche Scherspannung nach Gleichung (3.77)

$$\tau_0 = -\frac{L\rho}{3} \cdot \ln \frac{T_S}{T_O} = 210\ \text{MPa} \tag{3. 77}$$

verwendet wurde.

Ein direkter Vergleich der hier prognostizierten Energiedichten mit dem Experimenten ist noch offen, da beide Größen bei der in der Literatur üblichen Verschleißprognose keine so große Rolle spielen wie zum Beispiel die lineare Verschleißintensität $I_{h,p}$ und deshalb noch keine experimentellen Daten vorliegen. Der Wert von τ_0 hingegen stimmt mit den tatsächlichen Kontaktspannungen recht gut überein.

Die weitere Verschleißprognose verlangt die Bereitstellung der Parameter $æ_D$, D, $æ_{th}$ und $æ_p^2$. Bei einer Defektstellenbildungsenergie von

$E_D \approx 1{,}2$ eV /Vlad 76/

beträgt der Parameter $æ_D$ gemäß Gleichung (4. 64):

$$æ_D = \frac{E_D}{k \cdot T_S} \approx 10{,}6 \quad . \tag{4. 64}$$

Diesem Wert für $æ_D$ entspricht gemäß Gleichung (3. 19) ein Störgrad α, also eine Fehlstellenwahrscheinlichkeit von:

$$\alpha = \exp\left\{-æ_D \cdot \frac{T_s}{T_c^*}\right\} = 4{,}5 \cdot 10^{-6} \quad , \tag{3. 19}$$

d. h. auf 220 000 ungestörte Atome entfällt im Durchschnitt eine Störung innerhalb der periodischen Festkörperstruktur.

Die Platzwechselkonstante D ermittelt man aus Gleichung

$$D = \frac{\nu_0}{3} \cdot \alpha \cdot \tau_0 \cdot \frac{T^*}{\left(T_c^*\right)^2} \cdot \exp\left\{-\frac{T^*}{T_c^*}\right\} = 495 \frac{GPa}{K \cdot s} \quad , \tag{3. 22}$$

wobei die Atomfrequenz ν_0 aus der Debye-Temperatur T* gemäß Gleichung (3.52) von Abschnitt 3. 3. 2. berechnet wurde:

$$\nu_0 = \frac{k}{h} \cdot T^* = 7{,}856 \cdot 10^{12} \text{ Hz} \quad . \tag{3. 52}$$

Die berechnete Atomfrequenz ν_0 liegt in der Nähe der experimentell ermittelten Debye´schen Grenzfrequenz ν_G, die ungefähr 10^{13} Hz beträgt.

Die beiden letzten noch zu ermittelnde Parameter $æ_{th}$ und $æ_p^2$ ergeben sich aus ihren Definitionen nach Abschnitt 4. 3. 1.:

$$æ_{th} = \frac{C \cdot T_S}{L} = 2{,}46 \tag{4. 26}$$

und

$$æ_p^2 = \frac{\lambda \delta^2}{D} = 1{,}04 \quad . \tag{4. 27}$$

Mit der Bereitstellung der letzten Parameter kann eine Prognose für die Kontaktierungszahl $\bar{n}$ nach Gleichung (4.71) gemacht werden:

$$\bar{n} = \tan\gamma_0 \cdot \frac{1 + æ_P^2}{3 \cdot æ_{th}} \cdot \frac{\ln {T_S}/{T_O}}{1 - {T_O}/{T_S}} = 11{,}8 \qquad . \qquad (4.71)$$

Zwischen 11. und 12. Kontaktierung wird demzufolge ein Verschleißpartikelchen der Dicke 3 µm abgetragen. Die Zeitdauer einer einzelnen Kontaktierung beträgt:

$$t_S = \frac{\rho c}{D + \lambda\delta^2} \cdot \ln \frac{{A}/{D} + T_S}{{A}/{D} + T_O} = 0{,}4\ \mu s \qquad (4.11)$$

und damit die Gesamtzeit t_G, bis zu der das Verscheißteilchen abgetragen wird,

$$t_G = \bar{n} \cdot t_S = 4{,}3\ \mu s \qquad . \qquad (4.73)$$

Experimentell wurden Zeiten von

$$t_G^{Exp} \approx 5\ \mu s$$

bei der Bartbildung am Kupferstift beobachtet /Dau 73/. Der Bart entsteht durch Aneinanderhaften bzw. Übereinanderlagern der in Zeitintervallen von 4,3 μs abgetragenen 3 µm dicken blättchenförmigen Verschleißteilchen. Die hier gegebene Erklärung der Bartbildung am Kupferstift bei der Verschleißanordnung Stift-Scheibe und die gute Übereinstimmung der berechneten Größen mit den experimentellen Beobachtungen sind ein wichtiges Indiz für die Richtigkeit des in dieser Arbeit vorgeschlagenen Verschleißmodells nach der Platzwechseltheorie. Ebenso bestätigen die experimentellen Messwerte für den Deformationsweg s_0 an der Oberfläche des Kupferstiftes bei DAUTZENBERG

$$s_0^{Exp} \approx 1\ mm$$

den auf Grund der Beziehung

$$s(z) = \bar{n} \cdot \int_{-h_{I^*}}^{z} \tan\gamma_0 \cdot dz = \bar{n} \cdot \tan\gamma_0 \cdot \frac{e^{\delta z} - e^{-\delta h_{I^*}}}{\delta} \qquad (4.77)$$

bzw.

$$s_0 = \bar{n} \cdot \tan\gamma_0 \cdot \frac{1 - \frac{{A}/{D} + T_O}{{A}/{D} + T_S}}{\delta} \qquad (4.78)$$

im vorliegenden Modell ermittelten Wert für die Oberflächenverschiebung

$$s_0 = 1{,}2\ \text{mm} \qquad .$$

Bis auf die lineare Verschleißintensität $I_{h,p} = 0{,}03$ und die lineare Verschleißgeschwindigkeit

$$\dot{h}_{V,p} = \frac{h_V}{t_G} = 0{,}6\ \frac{m}{s} \qquad (4.79)$$

ist bei allen berechneten Größen ein direkter Vergleich mit dem Experiment möglich. Ein Vergleich bei den beiden letztgenannten Größen ist nur mit Hilfe einer Prognose des Geometriefaktors A_{rS}/A_a, der von Anpressdruck und Härte abhängt, möglich, wie oben in den Vorbemerkungen bereits erläutert wurde. Zum Schluss dieses Prognosebeispiels sollen noch die prognostizierten Größen für die Stahlscheibe (rechte Seite der Übersicht 1), gegen die der Kupferstift gedrückt wurde, tabellarische zusammengefasst und denen des Kupferstiftes (linke Spalte in der Übersicht 1) gegenübergestellt werden. Es ist dabei der Hinweis zu machen, dass die Prognose immer davon ausgeht, dass die stationäre Verschleißphase erreicht wurde. Dies kann jedoch nicht mit Sicherheit von der Stahlscheibe behauptet werden, so dass die errechneten Daten unter diesem Vorbehalt zu betrachten sind.

Übersicht 1: Ergebnisse der Verschleißprognose für die Verschleißanordnung Stift gegen Scheibe bei DAUTZENBERG

Prognosekenngröße	Kupferstift HC	Stahlscheibe CK15
Grenzscherung tan γ_0	36,34	1,96
Grenzscherungswinkel tan γ_0	88,4°	63°
Logarithmisches Dekrement δ	0,036 · µm	0,09 · µm^{-1}
Debye–Temperatur T^*	377 K	370 K
Schwellwert T_O	979 K	1 403 K
Entwicklungstemperatur T_c^*	1 167,5 K	1 585 K
Verhältnisgröße A/D	2 448 K	5 228 K
Abtraghöhe h_V	3 µm	0,7 µm
Verschleißintensität $I_{h,p}$	0,03	0,5
charakteristische Intensität I^*	0,15	0,1
Akkumulationszahl ξ	6	1,2
Speichervermögen $1/\xi$	17 %	83 %
Scherungsenergiedichte e_S	7 GPa	0,34 GPa
Akkumulationsenergiedichte e_0	1,4 GPa	1,7 GPa
Kontaktspannung τ_0	0,21 GPa	0,17 GPa
Fehlstellenwahrscheinlichkeit α	$4{,}5 \cdot 10^{-6}$	$25 \cdot 10^{-6}$
Platzwechselkonstante D	495 GPa·k^{-1}·s^{-1}	1 290 GPa·k^{-1}·s^{-1}
Debye-Frequenz ν_0	$7{,}8 \cdot 10^{12}$ Hz	$7{,}7 \cdot 10^{12}$ Hz
thermischer Parameter $æ_{th}$	2,46	3,25
Platzwechselparameter $æ_p^2$	1,04	5,8
Kontaktierungszahl $\bar{n}$	11,8	1,5
Einzelkontaktdauer t_S	0,4 µs	0,02 µs
Abtragzeit t_G	4,3 µs	0,03 µs
Deformationsweg s_0	1,2 mm	1,8 µm
Verschleißgeschwindigkeit $\dot{h}_{V,p}$	$0{,}6\ \frac{m}{s}$	$23{,}3\ \frac{m}{s}$

4.5.3.3. Prognosebeispiele auf Grundlage der Kenntnis der Mikrohärteverteilung

Bei vielen Metallen tritt infolge starker plastischer Deformation eine durch Verfestigung bedingte Härtesteigerung ΔH der Mikrohärte H_M gegenüber der Vickers-Grundhärte H_0 auf:

$$\Delta H = H_M - H_0 \quad , \qquad (4.80)$$

die in vielen Fällen einem Exponentialgesetz mit dem logarithmischen Dekrement δ_H genügt:

$$\Delta H = (\Delta H)_M \cdot \exp\{\delta_H \cdot z\}; z \leq 0 \quad . \qquad (4.81)$$

So hat zum Beispiel DEMIRCI an Eisenbahnrädern nach 17 km Wälzweg Mikrohärtemessungen durchgeführt mit folgendem Resultat:

$$H_M = 2{,}5 + 3{,}5 \cdot \exp\{0{,}017\ z\} \qquad (4.82)$$

(vgl. Bild 16), d. h. bei einer Grundhärte von

$$H_0 = 250\ \text{HV}$$

im Inneren des Rades kam es durch die Wälzbeanspruchung auf der Schiene zu einer Steigerung der Härte an der Oberfläche auf

$$H_M(z{=}0) = 600\ \text{HV} \quad ,$$

also einer Erhöhung der Grundhärte H_0 an der Oberfläche um

$$(\Delta H)_M = 350\ \text{HV} \quad .$$

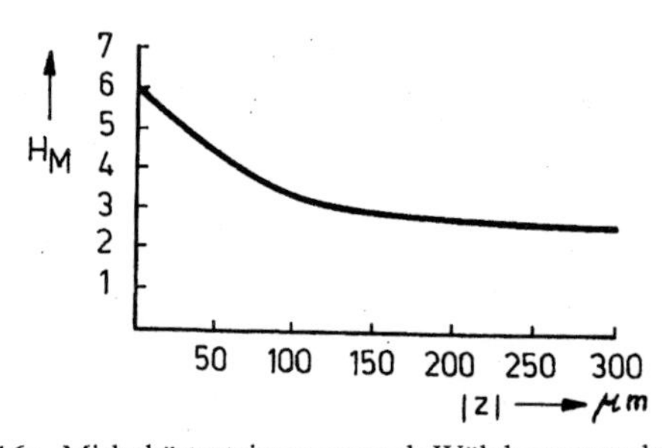

Bild 16: Mirkohärtesteigerung nach Wälzbeanspruchung /Dem 77/

Setzt man eine Nadai-Beziehung nach Gleichung (4.68) zwischen Härtesteigerung ΔH und Scherung tan γ voraus:

$$\Delta H = H_0 \cdot (\tan\gamma)^p \quad , \qquad (4.68)$$

so kann daraus bei bekanntem Verfestigungsexponenten p das Scherungsfeld

$$\tan\gamma = \tan\gamma_0 \cdot \exp\{\delta z\} \qquad (4.66)$$

gewonnen werden. In der Praxis werden Werte von p in der Nähe von 1/5 verwendet:

$$p^{Exp} \approx \frac{1}{5} \quad . \tag{4. 83}$$

Da die Verfestigung offenbar eine Änderung der Debye-Temperatur T^* herbeiführt, ist ein maximaler Verfestigungsexponent von

$$p_{Max} = \frac{T^*}{T_S} \tag{4. 84}$$

zu erwarten. Für Stahl ergibt sich aus $T^* = 370$ K und $T_S = 1773$ K zum Beispiel der Wert

$$p_{Max} = 0{,}21 \quad . \tag{4. 85}$$

Aus (4. 68), (4. 81) und (4. 66) erhält man für die Grenzscherung tan γ_0:

$$\tan\gamma_0 = \left[\frac{(\Delta H)_M}{H_0}\right]^{1/p_{Max}} = 5 \quad ,$$

also

$$\gamma_0 = 79°$$

und ein logarithmisches Dekrement δ von

$$\delta = \frac{\delta_H}{p_{Max}} = 0{,}081\ \mu m^{-1} \quad .$$

Mit diesen beiden Werten erfolgt die Verschleißprognose wie im Prognosebeispiel 4. 5. 3. 2. Die Ergebnisse sind in der folgenden Übersicht 2 in der linken Spalte zusammengestellt.

Übersicht 2: Ergebnisse der Verschleißprognose für ein auf Wälzung beanspruchtes Rad und eine durch Gleitreibung beanspruchte Bronzeplatte

Prognosekenngröße	Eisenbahnrad CK 45	Bronzeplatte G - CuSn 10
Grenzscherung tan γ_0	5	6,2
Grenzscherungswinkel tan γ_0	79°	81°
logarithmisches Dekrement δ	0,081 μm^{-1}	0,02 μm^{-1}
Debye-Temperatur T^*	370 K	250 K
Schwellwert T_O	1403 K	950 K
Entwicklungstemperatur T_C^*	1588 K	1075 K
Abtraghöhe h_V	0,7 µm	2,7 µm
Verschleißintensität $I_{h,p}$	0,2	0,16
charakteristische Intensität I^*	0,1	0,1
Akkumulationszahl ξ	1,5	1,6
Speichervermögen $1/\xi$	67 %	62 %
Scherungsenergiedichte e_S	0,85 GPa	0,94 GPa
Akkumulationsenergiedichte e_0	1,7 GPa	1,5 GPa
Fehlstellenwahrscheinlichkeit α	$25 \cdot 10^{-6}$	$1{,}5 \cdot 10^{-6}$
Debye-Frequenz ν_0	$7{,}7 \cdot 10^{12}$ Hz	$5{,}2 \cdot 10^{12}$ Hz
Kontaktspannung τ_0	0,17 GPa	0,15 GPa
Platzwechselkonstante D	$1290 \frac{GPa}{k \cdot s}$	$67 \frac{GPa}{k \cdot s}$
thermischer Parameter $æ_{th}$	3,25	2,2
Platzwechselparameter $æ_p^2$	4,7	2,4
Kontaktierungszahl $\bar{n}$	3,3	3,6
Einzelkontaktdauer t_S	0,03 µs	0,8 µs
Abtragzeit t_G	0,1 µs	2,9 µs
Verschleißgeschwindigkeit $\dot{h}_{v,p}$	$7 \frac{m}{s}$	$0{,}9 \frac{m}{s}$
Deformationsweg s_0	10,8 µm	58,8 µm

Der kleine Wert für die Grenzscherung tan γ_0 an der Oberfläche des Eisenbahnrades, der der gemessenen Härtesteigerung entspricht, weist darauf hin, dass noch nicht mit Sicherheit die stationäre Verschleißphase eingesetzt hat. In der rechten Spalte der Übersicht 2 wurden Daten berechnet, die aus Mikrohärtemessungen nach oszillierender Gleitreibung der Reibpaarungen G – CuSn 10/CK 15 (Bronze/Stahl) an der Bronzeoberfläche entnommen wurden /Grög 75/. Dabei wurde unterstellt, dass während des Versuchs dieselbe Mikrohärteverteilung entsteht wie bei nichtoszillierender Gleitreibung mit definierter Gleitrichtung.

4.5.3.4. Abschätzung der Verschleißkenngrößen

Es sollen am Ende dieser Arbeit einige für den Ingenieur wichtige Richtwerte und Abschätzungen von Verschleißkenngrößen und charakteristischen Parametern angegeben werden, die in vielen Fällen bei einer Verschleißprognose nach dem in dieser Arbeit vorgeschlagenen Verschleißmodell auftreten. So hat sich in vielen Fällen gezeigt, dass der Schwellwert T_O für den Übergang von äußerer zu innerer Reibung bei

$$T_O \approx (0{,}6 \ldots 0{,}8) \cdot T_S$$

liegt. Dies entspricht nach Gleichung (4. 44) einer Debye-Temperatur T^* von

$$T^* \approx (0{,}2 \ldots 0{,}4) \cdot T_S \quad .$$

Diese Werte für T^* stimmen auch mit den für die Debye-Temperatur angegebenen Werten anderer Autoren überein /Macke 65/. Da die mittlere Temperatur zwischen Schwellwert T_O und Schmelztemperatur T_S der Entwicklungsstelle T_C^* entspricht, kann man dafür

$$T^* \approx (0{,}8 \ldots 0{,}9) \cdot T_S$$

abschätzen. Daraus ergibt sich gemäß (4. 6) eine Abschätzung für das Verhältnis der beiden Konstanten A und B (die Koeffizienten in der Reihenentwicklung von Φ aus Abschnitt 3. 2.):

$$\frac{A}{D} \approx (0{,}8 \ldots 3{,}2) \cdot T_S \quad .$$

Eine physikalische Interpretation dieser Größe $\frac{A}{D}$ ist schwer, da diese Temperaturen sowohl unter- als auch oberhalb der Schmelztemperatur T_S liegen können. Offenbar handelt es sich hierbei um eine reine Rechengröße. Nimmt man einen für die stationäre Verscheißphase typischen Grenzscherungswinkel γ_0 von

$$\gamma_0 \approx 88° \ldots 89°$$

und ein logarithmisches Dekrement δ von

$$\delta \approx (0{,}02 \ldots 0{,}1) \cdot \mu m^{-1}$$

an, so lassen sich für den Abtrag h_V, die lineare Verschleißintensität $I_{h,p}$ und die Akkumulation ξ bzw. $1/\xi$ die folgenden Werte abschätzen:

$$h_V \approx (0{,}5 \ldots 13)\ \mu m \quad ,$$

$$I_{h,p} \approx 0{,}02 \ldots 0{,}05 \quad ,$$

$$\xi \approx 3 \ldots 14 \quad ,$$

$$1/\xi \approx 7\ \% \ldots 33\ \% \quad .$$

Dabei wurde gemäß Gleichung (4. 60) ein Schätzwert von

$$I^* \approx 0{,}1 \ldots 0{,}25$$

für die charakteristische Intensität I^* verwendet.

Die Werte für h_V und $I_{h,p}$ stimmen mit der Erfahrung gut überein, die Werte für das Akkumulationsvermögen liegen etwas höher als die kalorimetrisch gemessenen Werte von $1/\xi$ (vgl. Tabelle 2 im Anhang), dürften aber in der Praxis bei gravierendem Verschleiß durchaus erreicht werden.

Für die Merchant´sche Kontaktspannung τ_0 kann man mit durchschnittlichen Werten von

$$\tau_0 \approx (0{,}1 \ldots 0{,}3)\ GPa$$

rechnen. Daraus ergibt sich unter Beachtung der bisherigen Abschätzungen ein Richtwert von

$$e_S \approx (2 \ldots 15)\ GPa$$

für die Scherungsenergiedichte e_S und von

$$e_0 \approx (0{,}1 \ldots 7{,}5)\ GPa$$

für die Akkumulationsenergiedichte e_0.

Bei Defektbildungsenergien in der Größenordnung von

$$E_D \approx (1 \ldots 2)\ eV$$

kann der Parameter $æ_D$ mit

$$æ_D \approx 9 \ldots 11$$

abgeschätzt werden, worauf auch in der Literatur hingewiesen wird /Vlad 76/. Damit ergibt sich für die Defektstellenwahrscheinlichkeit α eine Abschätzung von

$$\alpha \approx (1 \ldots 45) \cdot 10^{-6} \quad .$$

Die Debye-Frequenz ν_0 liegt in der für platzwechselnde Teilchen typischen Größenordnung von

$$\nu_0 \approx (10^{12} \ldots 10^{13})\ Hz \quad . \qquad /Holz\ 87/$$

Für die Parameter D, $æ_{th}$ und $æ_P^2$ liefern die Gleichungen (3. 22), (4. 26) und (4. 27) mit den bisherigen Abschätzungen folgende Richtwerte:

$$D \approx (0{,}5 \ldots 1{,}5) \cdot \frac{T\ Pa}{k \cdot s} \quad ,$$

$$æ_{th} \approx 2 \ldots 3{,}5 \quad ,$$

$$æ_P^2 \approx 1 \ldots 6 \quad .$$

Für die noch offenen Verschleißkenngrößen $\bar{n}$ (Kontaktierungszahl), t_S (Einzelkontaktdauer), t_G (Abtragzeit), $\dot{h}_{V,p}$ (Verschleißgeschwindigkeit) und s_0 (Deformationsweg an der Oberfläche bei z = 0) ergeben sich deshalb die folgenden Orientierungswerte bei einer Verschleißprognose:

$$n \approx 1 \ldots 75 \quad ,$$

$$t_S \approx (0{,}1 \ldots 0{,}8)\ \mu s \quad ,$$

$$t_G \approx (0{,}1 \ldots 50)\ \mu s \quad ,$$

$$\dot{h}_{V,p} \approx (0{,}5 \ldots 10)\ \frac{m}{s} \quad ,$$

$$s_0 \approx 10\ \mu m \ldots 10\ mm \quad .$$

Die abgeschätzten Werte der letzten Kenngrößen streuen natürlich beträchtlich, da sich die Streuungen der in sie eingehenden vorher abgeschätzten Größen überlagern. Die ermittelten Werte können also von den konkreten Werten, die unter definierten Versuchsbedingungen auftreten, abweichen und sollten deshalb auch nur als eine Orientierung verstanden werden und als Richtwerte dienen. Insbesondere sind bei Werkstoffen mit ungewöhnlichem Materialverhalten ganz spezifische und eigenartige Verschleißkenngrößen zu erwarten. So hat zum Beispiel Blei eine ungewöhnlich große Poissonzahl

$$\mu = 0{,}44 \approx 7/16$$

bei einer sehr niedrigen Schmelztemperatur

$$T_S = 600\ K \quad ,$$

d. h. die Debye-Temperatur

$$T^* = 417\ K \approx \frac{2}{3} \cdot T_S$$

liegt im Verhältnis zur Schmelztemperatur unerwartet hoch.

Das hat nach Gleichung (4. 6) zur Folge, dass

$$\frac{A}{D} = 0$$

bzw. $\qquad A = 0$

ist. Nach den Ausführungen im Abschnitt 3. 2. wird damit ein Fließgleichgewicht mit konstanter Entropieproduktion charakterisiert, also ein ganz spezifisches unerwartetes Verschleißverhalten. Im Normalfall, d. h. bei Werkstoffen mit gewöhnlichem Materialverhalten, sind die hier gegebenen Abschätzungen aber auch nicht gedankenlos zu übernehmen, da man sich in jedem Falle vor einer Anwendung der hier vorgeschlagenen Verschleißprognose vergewissern muss, ob die Bedingungen dafür auch erfüllt sind (vgl. Vorbemerkungen zu Abschnitt 4.5.3.).

Zusammenfassung

Wegen der zahlreichen schon vorliegenden phänomenologischen und empirisch interessanten Arbeiten zur Untersuchung über den Verschleiß von Metallen wurde in der vorliegenden Arbeit das Hauptaugenmerk auf den Einfluss atomistischer Effekte auf bestimmte Verschleißerscheinungen gelegt, ohne dass dabei die Bedeutung der phänomenologischen Arbeiten herabgemindert wurde. Insbesondere wurden Umlagerungen eines Atoms, eines Moleküls oder einer größeren Fließeinheit auf eine anderer mögliche Lage betrachtet und auch solche Erscheinungen, wie sie bei der Bewegung von Versetzungen in Kristallen auftreten, mit erfasst. Eine alle diese Platzwechselvorgänge beschreibende Grundgleichung wurde am Modell des quantenmechanischen Oszillators erläutert und in Beziehung zum ersten Hauptsatz der Thermomechanik gesetzt. Diese Kopplung von Platzwechseltheorie und Thermomechanik erlaubte die Bestimmung wichtiger Strukturkonstanten und die Aufstellung eines mathematischen Modells für die plastische Deformation im Falle des praktisch relevanten Falles reiner Scherung. Die Anwendung dieses mathematischen Modells auf Erscheinungen des adhäsiven Verschleißes lieferte bei Beachtung der Scherungsenergiehypothese oder der mit ihr äquivalenten Energieakkumulationshypothese einen Zugang zur theoretischen Bestimmung wesentlicher Verschleißkenngrößen. Für die Verschleißprognose ergaben sich drei Möglichkeiten, wobei sich die Prognose aus dem Deformationsverhalten des Grundkörpers als am günstigsten erwies. Als wesentliche Kenngrößen ergaben sich bei dieser Prognose die Dicke der abgetragenen Verschleißpartikeln, die bei vollständiger Plastifikation auftretende lineare Verschleißintensität, die Kennzahl für das Energiespeicherungsvermögen des Grundkörpers und die Werte für die Energiedichten von Scherungs- und Akkumulationsenergie.

Außerdem lieferte die durchgeführte Verschleißprognose einen Wert für die ansonsten sehr schwer zu ermittelnde Kontaktierungszahl. Mit dieser Größe und der Zeit für einen Einzelkontakt war es möglich, unter bestimmten Bedingungen die Gesamtzeit für den Abtrag von blättchenförmigen Verschleißpartikeln zu berechnen. Schließlich konnten noch die praktisch wichtigen Größen Verschleißgeschwindigkeit und Deformationsweg an der Oberfläche prognostiziert werden. Ein Vergleich der theoretisch ermittelten Werte mit dem Experiment war zufriedenstellend.

Vergleicht man zum Schluss das in dieser Arbeit ermittelte Verschleißmodell für den adhäsiven Verschleiß mit den im Kapitel 1. beschriebenen Modellansätzen, wie sie bisher den

Verschleißberechnungen zugrunde gelegt wurden, so zeichnet sich das neue Verschleißmodell durch seine für den Anwender leichte Handhabbarkeit, seine gute Interpretierbarkeit, seine Konsequenz und seine leichte Übertragbarkeit auf andere Formen des adhäsiven Verschleißes aus. Damit sind die wesentlichsten Anforderungen an ein tribologisches Modell erfüllt und das in dieser Arbeit gesteckte Ziel erreicht, ohne jedoch behaupten zu wollen, dass damit alle Probleme des adhäsiven Verschleißes geklärt wären. Insbesondere sind Verbesserungen zu erwarten, wenn man die Dissipationsfunktion nicht linearisiert, wie es zur Vereinfachung in dieser Arbeit geschah, sondern den vollständigen Arrheniusansatz beibehält. Außerdem ist eine Weiterentwicklung des Modells möglich, wenn man auch Platzwechsel entgegengesetzt zur angelegten Schubspannung berücksichtigt, wie sie zum Beispiel von HOLZMÜLLER für Deformations- und Relaxationsprozesse bei Polymeren vorgeschlagen wurden /Holz 78/.

Fazit

1. Die These von HOLZMÜLLER, dass alle Reibungsvorgänge auf Platzwechselvorgänge zurückgeführt werden können, wird in der vorliegenden Arbeit auf Reibungsvorgänge mit adhäsivem Verschleiß angewandt. Dabei wird unter Platzwechsel die Umlagerung eines Moleküls, eines Atoms oder einer größeren Fließeinheit auf eine andere mögliche Lage verstanden. Im allgemeinen ist mit einer solchen Umlagerung platzwechselnder Objekte auch eine Strukturänderung der beteiligten Körper verbunden. Im erweiterten Sinne ist dann aber auch die Trennung eines submikroskopischen Teilchens von einem Körper als ein Platzwechselprozess aufzufassen.

2. Alle bisherigen Verschleißmodelle gehen entweder zu mechanisch - geometrisch an die Verschleißproblematik heran oder berücksichtigen nur ungenügend die enge Verbindung zur Thermodynamik. Die alte These „Durch Reibung entsteht Wärme" verlangt eine nicht nur äußerliche, sondern eine wesentlich innere enge Kopplung von Mechanik und Thermodynamik, die Thermomechanik.

3. Die Fourier´sche Wärmeleitungsgleichung enthält bei der Anwendung auf Reibungs- und Verschleißprobleme einen zusätzlichen temperaturabhängigen Quellterm, der durch innere und nicht durch äußere Reibung entsteht. Alle Versuche, mit äußeren Quelltermen allein die Entstehung von Wärme in den Reibpartnern zu erklären, sind rein formal und berücksichtigen nicht die tatsächlich auftretenden atomkinetischen Prozesse.

4. Die atomkinetischen Prozesse enthalten Platzwechselprozesse, die sowohl makroskopisch als plastische Deformationen in Erscheinung treten als auch die Ursache der Reibungswärme sind. Die infolge von Platzwechseln in Schubspannungsrichtung auftretende Deformationsgeschwindigkeit ist proportional zur Schwingfrequenz der platzwechselnden Objekte, proportional zur Wahrscheinlichkeit für das Auftreten von aufgelockerten Stellen in der Struktur des Körpers und proportional zu einem Exponentialterm, der die Temperatur gemäß dem Vorbilde einer Arrhenius-Gleichung

enthält. Die sekundlich erzeugte lokale Reibungswärme, also die Energiedissipation durch Platzwechsel, ist proportional zur Deformationsgeschwindigkeit. In dieser Proportionalität besteht die enge Kopplung von Mechanik und Thermodynamik. Ursache dafür sind die auftretenden Platzwechselvorgänge.

5. Bei der Ableitung wichtiger Strukturparameter wird die These vertreten, dass „das Einfache Siegel der Wahrheit" ist (Inschrift im Hörsaal für theoretische Physik zu Göttingen) und Analogiebetrachtung eine nicht zu unterschätzende Rolle in der wissenschaftlichen Arbeit spielen.

6. Um spezielle Verschleißprobleme mit der Platzwechseltheorie behandeln zu können, sind die Besonderheiten dieser Probleme in den Vordergrund zu stellen. Die Platzwechseltheorie als hauptsächliche Orientierungsgrundlage wird durch diese Besonderheiten konkretisiert und das allgemeine mathematische Modell vereinfacht. Durch solche praxisrelevanten Vereinfachungen können gut interpretierbare und anwenderfreundliche Formeln zur Verschleißprognose abgeleitet werden.

7. Es wird die These aufgestellt, dass zusätzliche Hypothesen erforderlich sind, um das schwierige Problem einer Verschleißprognose für den Abtrag bei Metallen zu lösen. Als wesentliche Hypothesen werden die Scherungsenergiehypothese und die Energieakkumulationshypothese herangezogen. Die Kopplung dieser Hypothesen mit der Platzwechseltheorie erlaubt, über experimentell leicht zugängliche Größen globale Verschleißkenngrößen theoretisch zu ermitteln und die bisher verdeckten Zusammenhänge der wichtigsten Verschleißkenngrößen durchschaubar zu machen.

8. Zur vollständigen Verschleißprognose sind die Kontaktgrößen in ihrer Abhängigkeit vom Systemverhalten mit einzubeziehen. Da die wesentlichen Gleichungen das Materialverhalten und die Kontaktgeometrie in zwei voneinander getrennten Faktoren enthalten, ist eine Trennung bei der Verschleißprognose möglich. In der vorliegenden Arbeit wird das Augenmerk auf das materialspezifische Verhalten gelegt, das auf Grundlage der Platzwechseltheorie und anderer Hypothesen prognostiziert werden kann. Der Übergang zur vollständigen Verschleißprognose erfolgt durch Einbeziehen vorhandener Kontaktmodelle.

9. Von großer praktischer Bedeutung ist eine zuverlässige Verschleißprognose aus dem Deformationsverhalten des Grundkörpers heraus. Dabei wird von der These ausgegangen, dass das sich unter Laborbedingungen einstellende Deformationsfeld in der stationären Verschleißphase äquivalent zu demjenigen ist, das sich unter Betriebsbedingungen herausstellt. Insbesondere stimmen Grenzscherungswinkel und logarithmisches Dekrement beider Deformationsfelder überein.

10. Aus dem Grenzscherungswinkel und dem logarithmischen Dekrement können im wesentlichen alle interessierenden Verschleißkenngrößen prognostiziert werden. In erster Linie sind das die lineare Verschleißintensität bei vollständiger Plastifikation, die Dicke der abgetragenen blättchenartigen Verschleißpartikeln, die Anzahl notwendiger Kontakte bis zum erstmaligen Abtrag, die Kontaktdauer, die lineare Verschleißgeschwindigkeit, das Energiespeicherungsvermögen und die Energiedichten sowohl für die Scherungs- als auch für die Akkumulationsenergie.

11. Es wird weiterhin die These aufgestellt, dass eine Verschleißprognose teilweise auch aus kalorimetrischen Messungen für die Akkumulationszahl vorgenommen werden kann, da im vorgelegten Verschleißmodell die um eins verminderte Akkumulationszahl proportional zur Grenzscherung ist, die sich unter Betriebsbedingungen in der stationären Verschleißphase einstellt.

12. Von rein theoretischem Interesse ist die Verschleißprognose aus der Kenntnis der Kontaktierungszahl, da bisher keine Möglichkeit bekannt ist, die Kontaktierungszahl mit der nötigen Genauigkeit aus experimentellen Messungen zu gewinnen.

13. Bei Vorhandensein einer Nadai-Beziehung zwischen Verfestigung bzw. Mikrohärtesteigerung und Deformation kann prinzipiell auch eine Verschleißprognose aus Ergebnissen von Mirkohärtemessungen vorgenommen werden. Dabei wird unterstellt, dass die Verfestigung während der stationären Verschleißphase infolge plastischer Deformation unter Labor- und Betriebsbedingungen dieselbe ist.

ANHANG

Anhang A 1

Tabelle 1: Wichtige Werkstoffkenngrößen /Giek 67/

$\frac{Material}{(chem.\ Symbol)}$	$\frac{\rho}{g \cdot cm^{-3}}$	$\frac{c}{J \cdot K^{-1} \cdot kg^{-1}}$	$\frac{L}{J \cdot g^{-1}}$	$\frac{T_S}{K}$	$\frac{\lambda}{W \cdot m^{-1} \cdot K^{-1}}$	$\frac{\mu}{1}$
Zn	7,28	376	96	502	113	0,33
Sn	7,30	222	58	505	67	0,33
Bi	9,80	126	50	544	8	0,33
Cd	8,66	230	57	594	92	0,29
Pb	11,35	126	24	600	33	0,44
Mg	1,74	976	208	923	167	0,28
Al	2,70	896	397	933	247	0,34
G-Cu Sn 10	8,92	387	207	1200	395	0,30
Ag	10,50	234	106	1234	419	0,39
Au	19,70	126	73	1333	310	0,42
Cu	8,93	385	210	1356	398	0,35
Ni	8,90	427	302	1726	84	0,32
Ck 45	7,83	460	251	1773	50	0,29
Fe	7,88	439	269	1808	83	0,29
Pt	21,40	126	101	2037	71	0,39
Ti	4,54	332	194	2073	21	0,36
Mo	10,20	251	288	2883	140	0,31
Ta	16,60	138	207	3253	55	0,30
W	19,10	127	191	3650	167	0,30

Anhang A 1 (Fortsetzung)

Tabelle 1: Werkstoffkenngrößen

$\frac{E_L}{eV}$	$\frac{T^*}{K}$	$\frac{T_O}{K}$	$\frac{\tau_0}{GPa}$	$\frac{I^*}{1}$	$\frac{æ_{th}}{1}$
0,38	123	379	0,07	0,12	2,0
0,39	124	381	0,04	0,12	1,9
0,41	133	411	0,05	0,12	1,4
0,45	118	476	0,04	0,09	2,4
0,46	417	183	0,11	1,30	3,1
0,69	175	748	0,03	0,08	4,3
0,70	143	690	0,11	0,14	2,1
0,90	250	950	0,15	0,10	2,2
0,93	467	767	0,18	0,26	2,7
1,00	695	638	0,35	0,51	2,3
1,02	377	979	0,21	0,15	2,5
1,29	400	1326	0,24	0,11	2,4
1,33	370	1403	0,17	0,10	3,2
1,36	359	1449	0,16	0,09	3,0
1,53	772	1265	0,34	0,26	2,5
1,55	617	1456	0,11	0,17	3,5
2,16	632	2251	0,24	0,10	2,5
2,44	688	2565	0,27	0,10	2,2
2,74	760	2890	0,28	0,10	2,4

Anhang A 2

Tabelle 2: Anteil der akkumulierten Energie W an der gesamten umgesetzten mechanischen Energie E_G aus kalorimetrischen Experimenten /Fed 72/

Metall	Verhältnis $\frac{W}{E_G}$ in %	$\xi = \frac{E_G}{W}$
Stahl 40 H	1,8 ... 4,0	25 ... 56
Stahl U 8 A	1,2 ... 7,7	13 ... 83
Gusseisen SC 18-36	6,3 ... 21,0	5 ... 16
Messing L 68	1,0 ... 1,9	53 ... 100
Aluminium-Legierung A 09 - 2	5,0 ... 8,1	12 ... 20
Bronze O C S3-12-5	3,0 ...6,1	16 ... 33

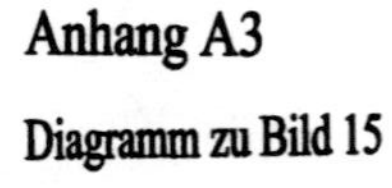

Anhang A3

Diagramm zu Bild 15

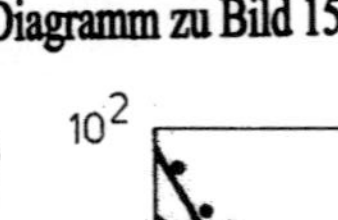

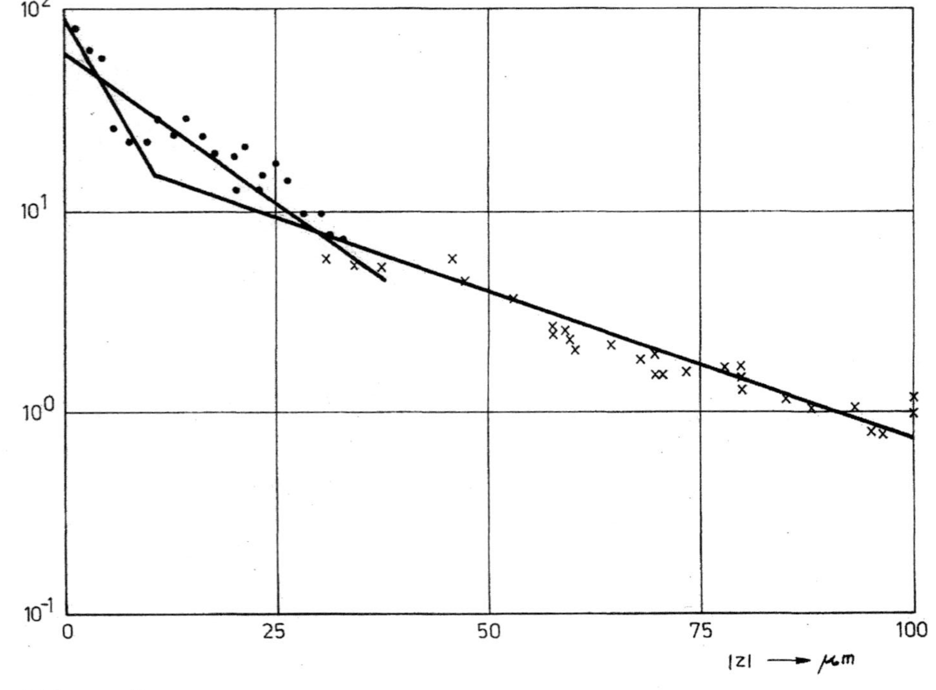

Literaturverzeichnis

/Ach 63/ Achmatow, A. C.: Molekularphysik der Grenzreibung.
Moskau: Fismatgis 1963

/Ajn 83/ Ajnbinder, S. B.: O mehânizme graničnogo treniâ
In: Trenie i iznos. Gomel 4 (1983) 1., S. 5-11
Über den Mechanismus der Grenzreibung.

/Albr 70/ Albring, W.: Angewandte Strömungslehre, 4. Aufl.
Dresden: Verlag Theodor Steinkopf 1970

/Arch 53/ Archard, J. F.: Contakt and rubbing of flat surfaces.
In: J. Appl. Phys., New York 24 (1953) 8., S. 981-988

/Arch 56/ Archard, J. F.; Hirst, W.: The wear of metals under unlubricated conditions.
Proc. R. Soc. London (1956)
No. 1206, Vol. 236, S. 397-410

/Arch 58/ Archard, J. F.: The temperature of rubbing surfaces.
In: Wear 2 (1958), S. 438-455

/Baist 69/ Baist, W.: Beobachtungen an Miniaturreibflächen.
In: Erdöl und Kohle 18 (1965), S. 294

/Bar 67/ Barwell, F. T.: Die Beziehung zwischen den grundlegenden Verschleißarten und der Erfahrung der Praxis.
In: Schmiertechnik 14 (1967) 2, S. 69

/Bar 79/ Barwell, F. T.: Theories of wear and their significance for engineering practics. In: Treatise on materials science an technology, Volume 13 – Wear.
New-York; San Francisco; London: Academic Press (1979)

/Beck 80/ Beckmann, G.: A theory of abrasive wear based on shear effects in metal surfaces. In: Wear 59 (1980), S. 421-432

/Beck 81/ Beckmann, G.; Westermaier, G.: Sliding wear of a unlubricated frictional combination of ductile metal and brittle abrasive. In: Wear 67 (1981), S. 115-129

/Beck 81F/ Beckmann, G.; Dierich, P.: Stochastische Beschreibung von Oberflächenprofilen (Studie). Forschungsbericht, Ingenieurhochschule Zittau 1981, unveröffentlicht.

/Beck 82/ Beckmann, G.; Dierich, P.: Die Modellierung des Kontaktes rauher Oberflächen mit Einbeziehung von Aspekten der Mischreibung. In: Schmierungstechnik 13 (1982) 12, S. 361-364

/Beck 83/ Beckmann, G.; Kleis, I.: Abtragverschleiß von Metallen. Leipzig: Dt. Verlag für Grundstoffind., 1983

/Bern 83/ Bernstein, M. L.; Zaimovsky, V. A.: Mechanical properties of metals. Moscow: Mir Publischers, 1983

/Bik 76/ Bikerman, J. J.: Adesion in friction. In: Wear 39 (1976) S. 1-13

/Bjel 65/ Bjelousov, A. J.: Rasčjot temperaturij trenija In: Teorije trenija i isnosa. Moskva: Isdat. nauka 1965

/Blok 37/ Blok, H.: Measurement of temperature flashes on gear teeth under E. P. – conditions. Proc. Gen. Disc. on Lubrication and Wear 1937, Inst. of Mech. Eng. Vol. 11, Group III, S. 14-20

/Blok 63/ Blok, H.: The flash temperature concept. In: Wear 6 (1983), S. 483

/Born 54/ Born, M.; Kun, Hang: Dynamical theory of crystal lattices. Clarendon Press, Oxford 1954

/Bow 43/ Bowden, F. P.; Moor, A. J.; Tabor, D.: The ploughing and adhesion of sliding metals. In: Journ. of appl. phys. 11 (1943), S. 80

/Bow 54/ Bowden, F. P.; Tabor, D.: The friction and lubrication of solids. Clarendon Press (1954), Oxford

/Bow 59/ Bowden, F. P.; Tabor, D.: Reibung und Schmierung fester Körper. Berlin; Göttingen; Heidelberg: Springer 1959

/Bow 64/ Bowden, F. P.; Tabor, D.: The friction and lubrication of solids. Oxford: Clarendon Press, 1964

/Bow 73/ Bowden, F. P.; Tabor, D.: Friction: An introduction to tribology. London: Heinemann, 1973

/Bren 78/ Brendel, H.: Wissenspeicher Tribotechnik. Leipzig: Fachbuchverlag, 1978

/Bron 79/ Bronstein, J. N.; Semendjajew, K. A.: Taschenbuch der Mathematik, 19. Aufl. Leipzig: BSB B. G. Teubner Verlagsgesellschaft 1979

/Brow 81/ Brown, R.; Edington, J. W.: Occurence of melting during the solid particle erosion of copper. In: Wear 73 (1981) S. 193-200

/Buck 68/ Buckley, D. H.: The influence of the atomic nature of cristalline materials on friction. In: Trans. ASLE, New York 11 (1968), S. 89-100

/Buck 81/ Buckley, D. H.: Surface Effects in adhesion, friction, wear and lubrication. Amsterdem; Oxford; New York: Elsevier, 1981

/Burw 57/ Burwell, J. t. : Survey of possible wear mechanisms. In: Wear 1 (1957), S. 119-141

/Chris 79/ Christman, T.; Shewmon, P. G.: Adiabatic shear localization and erosion of streng aluminium alloys. In: Wear 54 (1979), S. 145-155

/Chrus 70/ Chruščov, M. M.; Babyčev, M. A.: Abrasiver Verschleiß (russ.) Moskau: Verlag Nauka 1970

/Chrus 74/ Chruščov, M. M.: Principles ob abrasive wear In: Wear 28 (1974), S. 69-88

/Cic 67/ Čičinadse, A. W.: Die Bestimmung der Temperatur am tatsächlichen Berührungspunkt während des Bremsprozesses. In: Fragen der Reibung und Probleme der Schmierung (russ.), Moskau: Nauka 1967

/Czi 72/ Czichos, H.: The mechanism of the metallic adhesion bond. J. Phys. D.: Appl. Phys. 5 (1972) S. 1890

/Czi 73/ Czichos, H.; Habig, K.-H.: Grundvorgänge des Verschleißes metallischer Werkstoffe – neuere Ergebnisse der Forschung. VDI-Berichte Nr. 194 (1973) S. 23-32

/Dau 73/ Dautzenberg, J. H.; Zaat, J. H.: Quantitative determination of deformation by sliding wear. In: Wear 23 (1973), S. 9-19

/Dau 77/ Dautzenberg, J. H.: Reibung und Gleitverschleiß bei Trockenreibung. Eindhoven: Technische Hochschule, Dissertation 1977

/Deb 51/ Debye, P.; Beuche, F.: Chem. Phys. 19, 589 (1951)

/Dem 77/ Demirci, A. H.: Untersuchungen über bevorzugte Kristallorientierung (Textur) unter Berücksichtigung der Gesamtheit werkstofflicher Veränderungen in den Grenzschichten eines metallischen Wälzsystems. Aachen: Rheinisch-Westfälische Technische Hochschule. Diss. 1977

/Die 86/ Dierich, P.: Modellierung der Rauheit auf die Verschleißprognose. Zittau: Ingenieurhochschule. Diss. 1986

/Dow 73/ Dowsen, D.: The early history of tribology First European Tribology Congress, Sept. 1973, C 253/73 The Institution of Mechanical Engineers (1975) London

/Dub 63/ Dubin, A. D.: Energetika trenija i iznosa detalej masin

Moskva-Kiev: Masgiz 1963

/Ernst 40/ Ernst, H.; Merchant, M. E.: Surface friction between metals: A basic factor in the metal cutting process
In: Proc. Spezial Summer Conf. Friction and Surface Finish. Cambridge (Mass.): MIT Press, 1940

/Eyr 55/ Eyring, H.; Ree, R.: Proc. Nat. Acad. Sci. USA
41, 118 (1955)

/Fast 60/ Fast, J. D.: Entropie. Philips Technische Bibliothek, Holland 1960

/Fed 72/ Fedorov, V. V.: Termodinamiceskij metod opisanija iznasivanija materialov pri vensenem trenij.
In: Problemy trenija i iznosivanija (1972) Nr. 2

/Flei 71/ Fleischer, G.: Zum Zusammenhang zwischen Reibung und Verschleiß. In: Kontaktnoje vsaimodestoije tverdich tel i raščjot sil trenija i iznosa. Moskva: Isdat nauka 1971

/Flei 73/ Fleischer, G.: Eine energetische Methode zur Bestimmung des Verschleißes. In: Schmierungstechnik 4 (1973) H. 9, S. 269-274

/Flei 76/ Fleischer, G.: Energiebilanzierung der Festkörperreibung als Grundlage zur energetischen Verschleißbestimmung. In: Schmierungstechnik 7 (1976), H. 8, S. 225-230 und H. 9, S. 271-275 und S. 279

/Flei 80/ Fleischer, G.; Gröger, H.; Thum, H.: Verschleiß und Zuverlässigkeit. Berlin: VEB Verlag Technik 1980

/Giek 67/ Giek, K.: Technische Formelsammlung, 21. deutsche Auflage, Heilbronn 1967

/Glans 71/ Glansdorff, P.; Prigogine, J.: Thermodynamic theory of structure, stability and fluctuations. London 1971

/Gört 75/ Görtler, H.: Dimensionsanalyse. Theorie der physikalischen Dimensionen mit Anwendungen. Berlin; Heidelberg; New York: Springer Verlag 1975

/Gotz 78/ Gotzmann, J.: Eine Methode zur Strahlverschleißberechnung. Zittau: Ingenieurhochschule, Diss. 1978

/Green 66/ Greenwood, J. A.; Williamson, J. B. P.: Contact of nominally flat surfaces. In: Proc. Roy. Soc. London A 295 (1966), S. 300-319

/Griff 21/ Griffith, A.: Phil. Trans. Roy. Soc. 221, 163 (1921)

/Grö 72/ Gröger, H.; Kobold, G.: Beitrag zur Klärung des Zusammenhanges zwischen Werkstoffbeanspruchung und Verschleiß beim Gleiten metallischer Reibpartner. Diss. der TH „Otto von Guericke“ Magdeburg, 1972

/Grö 75/ Gröger, H.; Kobold, G.: Verschleißberechnung auf der Grundlage der Hypothese über die Energiespeicherung bei der Reibung. In: „Untersuchungen in der Tribotechnik." Moskau: WNIINMAS 1975, S. 187-195

/Güm 25/ Gümpel, L.: Reibung und Schmierung im Maschinenbau
Berlin: Krayn (1925)

/Hab 68/ Habig, K.-H.: Zur Struktur- und Orientierungsabhängigkeit der Adhäsion und der trockenen Gleitreibung von Metallen. In: Materialprüfung 10 (1968), S. 417

/Hab 80/ Habig, K.-H.: Verschleiß und Härte von Werkstoffen
1. Auflage München: Carl Hanser Verlag 1980

/Hacke 72/ Hackeschmidt, M.: Ähnlichkeit - Analogiemodell
In: Grundlagen der Strömungstechnik. Ergänzungsband.
Dt. Verlag für Grundstoffindustrie, Leipzig 1972

/Heb 69/ Heber, G.; Weber, G.: Grundlagen der modernen Quantenphysik, Teil I Quantenmechanik, B. G. Teubner Verlagsgesellschaft, Leipzig 1969

/Hein 66/ Heinicke, G.: Reibung, Schmierung und Verschleiß als grenzflächen-mechanische Prozesse
In: Schmiertechnik 13 (1966), H. 2, S. 81

/Hertz 81/ Hertz, H.: Über die Berührung fester elastischer Körper. In: Journal für reine und angewandte Mathematik (Crelle), Berlin 92 (1881), S. 155 ff

/Hertz 95/ Hertz, H.: Gesammelte Werke, Bd. 1, Barth-Verlag,
Leipzig 1895, S. 755

/Hirsch 59/ Hirsch, P. B: Met. Rev. 4 (1959), S. 101

/Hirth 68/ Hirth, J. P.; Lotke, J.: Theory of Dislocations
New York: Mc Graw-Hill, 1968

/Hirth 76/ Hirth, J. P.; Rigney, D. A.: Crystal Plasticity and the Delamination theory of Wear. In: Wear 39 (1976), S. 133-141

/Holz 54/ Holzmüller, W.: Zs. Phys. Chem. 202, 330 (1954); 203, 163 (1954)

/Holz 59/ Holzmüller, W.: Technische Physik, Bd. 1, S. 322-326
Berlin: VEB Verlag Technik

/Holz 78/ Holzmüller, W.: Molecular mobility, deformation and relaxation processes in polymers. In: Adv. in polymer Sc. 26, 1 (1978), S. 12-17

/Holz 87/ Persönliche Mitteilung von Prof. Holzmüller

/Horn 81/ Hornung, E.: Mathoden zur praktischen Abriebermittlung

In: Schmierungstechnik 12 (1981), H. 2, S. 39-44

/Horn 82/ Hornung, E.: Möglichkeiten zur Untersuchung verschleißbeanspruchter Oberflächen. In: Schmierungstechnik 13 (1982), H. 2, S. 72-76

/Hutch 76/ Hutchings, I. M.; Winter, R. E.; Field, J. E.: Solid particle erosion of metals: The removal of surface material by spherical paricles. Proc. R. Soc. Lond. A 348 (1976), S. 379-392

/Kampf 80/ Kampf, S.: Eigenspannungen und Defektstruktur im oberflächennahen Gebiet eines metallischen Festkörpers bei zyklischer Gleitreibung. Karl-Marx-Stadt: Technische Hochschule, Diss. 1980

/Kay 78/ Kayaba, T.; Kato, K.: Exerimental analysis of junction growth with junction model. In: Wear 51 (1978), S. 105-116

/Kocks 75/ Kocks, U. F.; Argon, A. S.; Ashby, M. F.: Thermodynamics and kinetics of slip. Pergamon Press 1975, S. 110-170
In: Progress in materials science, vol. 19

/Kos 70/ Kostezkij, B. I.: Reibung, Schmierung und Verschleiß in Maschinen. Kiev: Technika 1970

/Kos 72/ Kostezkij, B. I.; Natanson, M. E.; Bersadskij, L. I.: Mehanohimiceskie processy pri granisnom trenii
Moskva: Nauka 1972

/Krag 65/ Kragelsij, I. V.: Friction and wear. London: Butterworths (1965)

/Krag 71/ Kragelsij, I. V.: Reibung und Verschleiß
Berlin: Verlag Technik, 1971

/Krag 82/ Kragelsij, I. V.; Dobycin, M. N.; Kombalov, V. S.: Grundlagen der Berechnung von Reibung und Verschleiß
Berlin: Verlag Technik, 1982

/Krau 76/ Krause, H.; Christ, E.: Kontaktflächentemperaturen bei technisch trockener Reibung und deren Messung.
In: VDI-Zeitschrift 118 (1976) 11, S. 517-524

/Kreh 73/ Kreher, K.: Festkörperphysik. WTB Band 103,
Akademie-Verlag Berlin 1973

/Kus 44/ Kusnezov, V. D.: Fizika tverdogo tela. Krasnoe Znamje.
Tomsk 1944, Band III.

/Macke 65/ Macke, W.: Quanten. Ein Lehrbuch der theoretischen Physik. Akad. Verlagsgesellschaft Geest u. Portig KG.

Leipzig 1965, S. 18 u. S. 287

/Mar 65/ Marechal, Y.; Mc Connell, H. M.: J. Chem. Phys. 43 (1965), 4216

/Mey 77/ Meyer, K.: Physikalisch-chemische Kristallographie
Leipzig: Dt. Verlag für Grundstoffind., 1977

/Mey 83/ Meyer, K.: Schmierstoffe und Additive. In: Wiss. u. Fortscher., Berlin 33 (1983) 9, S. 335-330

/Nitt 82/ Nittel, J.: Reibungstemperaturmessungen mit natürlichen Thermoelementen bei metallischer Festkörper- und Mischreibung. In: Schmierungstechnik 13 (1982), H. 12, S. 371-373

/Pau 78/ Paufler, P.; Schulze, G. E. R.: Physikalische Grundlagen mechanischer Festkörpereigenschaften, 1. Auflage
Berlin: Akademie-Verlag 1978

/Polz 78/ Polzer, G.; Meissner, F.: Grundlagen zu Reibung und Verschleiß. Leipzig: Dt. Verlag für Grundstoffind., 1978

/Prag 54/ Prager, W.; Hodge, P. G.: Theorie idealplastischer Körper. Wien: Springer Verlag 1954

/Prandtl 28/ Prandtl, L. Z.: Ein Gedankenmodell zur kinetischen Theorie der festen Körper, In: Zs. Angew. Math. u. Mech. 8.85 (1925)

/Preuß 77/ Preuß, H. H. W.: Trikline TCNQ - Komplexsalze als Modellkörper zur Untersuchung der Kristallplastizität bei niederer Symmetrie. Karl-Marx-Universität Leipzig, Diss. B 1977

/Rab 65/ Rabinowicz, E.: Friction and Wear of Materials
New York; London; Sydney: Wiley, 1965

/Rab 77/ Rabinowicz, E.: The formation of spherical wear particles. In: Wear 42 (1977) 1, S. 149-156

/Raz 73/ Razim, C.: Moderne Methoden praktischer Verschleißprüfung. VDI-Berichte Nr. 194 (1973), S. 33-43

/Reck 58/ Recknagel, A.: Physik. Wärmelehre, S. 485
Berlin: VEB Verlag Technik, 1958

/Rey 76/ Reynolds, O.: Über die Wälzreibung. In: Philos. Trans. of the Roy. Soc. of London, vol. 166, 1876, S. 166

/Rice 82/ Rice, S. L.; Nowotny, H.; Wayne, St. S.: Charakteristics of metallic subsurface zones in sliding and impact wear. In: Wear 74 (1981-82), S. 131-142

/Ryb 82/ Rybakova, L. M.; Kuksenova, L. I.: Struktura i iznosostojkost′ metalla. Moskva: Mašinstrenie, 1982

/Schill 81/ Schilling, A.: TEM - Untersuchungen der Versetzungsstruktur in oberflächennahen Bereichen tribo-mechanisch beanspruchter Kupferproben. In: 10. Tagung Elektronenmikroskopie. Leipzig, 1981, S. 352-353

/Schlicht 58/ Schlichting, H.: Grenzschicht-Theorie. Karlsruhe: Verlag G. Braun 1958

/Schp 73/ Schpolski, E. W.: Atomphysik Teil I, Hochschullehrbuch für Physik. Berlin: VEB Dt. Verlag d. Wiss. 1973

/Schröd 52/ Schrödinger, E.: Stat. Thermodynamik. Leipzig: J. A. Barth, 1952

/Scott 74/ Scott, D.; Seifert, W. W.; Westcott, V. C.: The particles of wear. In: Sci. Am. 230 (1974) S. 88-97

/Somm 65/ Sommerfeld, A.: Vorlesungen über theoretische Physik, Bd. V Thermodynamik und Statistik, 3. Auflage, S. 33
Leipzig: Akad. Verlagsges. Geest u. Portig. K.-G., 1965

/Storo 68/ Storoschew, M. W.; Popow, E. E.: Grundlagen der Umformtechnik, 1. Aufl. Berlin: VEB Verlag Technik 1968

/Suh 73/ Suh, N. P.: The Delamination Theorie of Wear
In: Wear 25 (1973), S. 111-124

/Suh 81/ Suh, N. P.; Sin, H. C.: The genesis of Friction
In: Wear 69 (1981), S. 91-114

/Tay 34/ Taylor, G.; Quinney, H.: Procedings Royal Society, Serie A 143 (1934), S. 307 ff. und 163 (1935), S. 157

/They 67/ Theyse, F. H.: Die Blitztemperaturhypothese nach Blok und ihre praktische Anwendung bei Zahnrädern
In: Schmiertechnik 14 (1967) 1, S. 22

/Thie 65/ Thiessen, P. A.: Phys.-chem. Untersuchungen tribomechan. Vorgänge. In: Zs. f. Chemie 5 (1965) 5, S. 162-171

/Thie 66/ Thiessen, P. A.; Meyer, K.; Heinicke, G.: Grundlagen der Tribochemie. In: Abt. dt. Akad. Wiss.; Kl. Chem., Geol. Biol., Berlin Nr. 1 (1966)

/Toml 29/ Tomlinson, G. A.: A molecular theory of friction
In: Phil. May., London 7. th. Series (1929) 7, S. 905-939

/Tross 66/ Tross, A.: Über das Verhalten und den Mechanismus der Festigkeit. München u. Zell. a See: Eigenverlag 1966

/Tross 67/ Tross, A.: Über den Einfluss der Adhäsion und der Hysteresis, des Verschleißes, sowie anderer Faktoren auf die Reibungszahl. In: Schmiertechnik 14 (1967), S. 140-150; Ergänzungen zu den Aufsätzen des Verfassers. Schmiertechnik, Sonderdruck

/Uetz 78/ Uetz, H.; Föhl, J.: Wear as an energy transformation process. In: Wear 49 (1978), S. 253-264

/Vlad 76/ Vladimirov, V. I.: Einführung in die phys. Theorie der Plastizität und Festigkeit. Leipzig: VEB Dt. Verlag für Grundstoffind. 1976

/Wag 75/ Wagner, K.; Pfeil, B.; Keil, G.: Zur Einteilung von Verschleißvorgängen nach Grundmechanismen und zur Nachweisbarkeit von Verschleißmechanismen. In: Schmierungstechnik 6 (1975), H. 10, S. 299-302; H. 11, S. 325-330

/Wink 78/ Winkelmann, U.: Näherungslösungen zur Bestimmung der Kontaktgeometrie – Energieanteile des Reibungswiderstandes. Forschungsbericht, TH Magdeburg, 1978, unveröffentlicht

/Wutt 80/ Wuttke, W.; Nittel, J.: Klassifikation der Verschleißarten. In: Stahlberatung, Freiberg 7 (1980) 1, S 1-4

/Wutt 87/ Wuttke, W.: Tribophysik. Leipzig: VEB Fachbuchverlag Leipzig, 1987

/Zenn 44/ Zener, D.; Holomon, J. H.: J. Appl. Phys. 14 (1944) S. 27-32

/Ziegl 83/ Ziegler, H.: Introduction to thermomechanics. Zürich 1983

/Zurk 80/ Žurkov, S. N.: K voprosu o fizičeskoj osnove pročnosti. In: fiz. tv. tela, Leningrad 22 (1980) 11, S. 3344-3349
Zur Frage der physikalischen Grundlage der Festigkeit